▲連合艦隊の司令長官＝山本五十六大将。

▲機動部隊の空母。荒天の海を真珠湾に急ぐ。

▲出撃のとき迫る。指揮官の訓示。

▲いざ出撃。勇躍して愛機に向かう搭乗員たち。

▲零式戦闘機(制空隊)

▲97式艦攻(水平爆撃隊、雷撃隊)

▲99式艦爆（急降下爆撃隊）

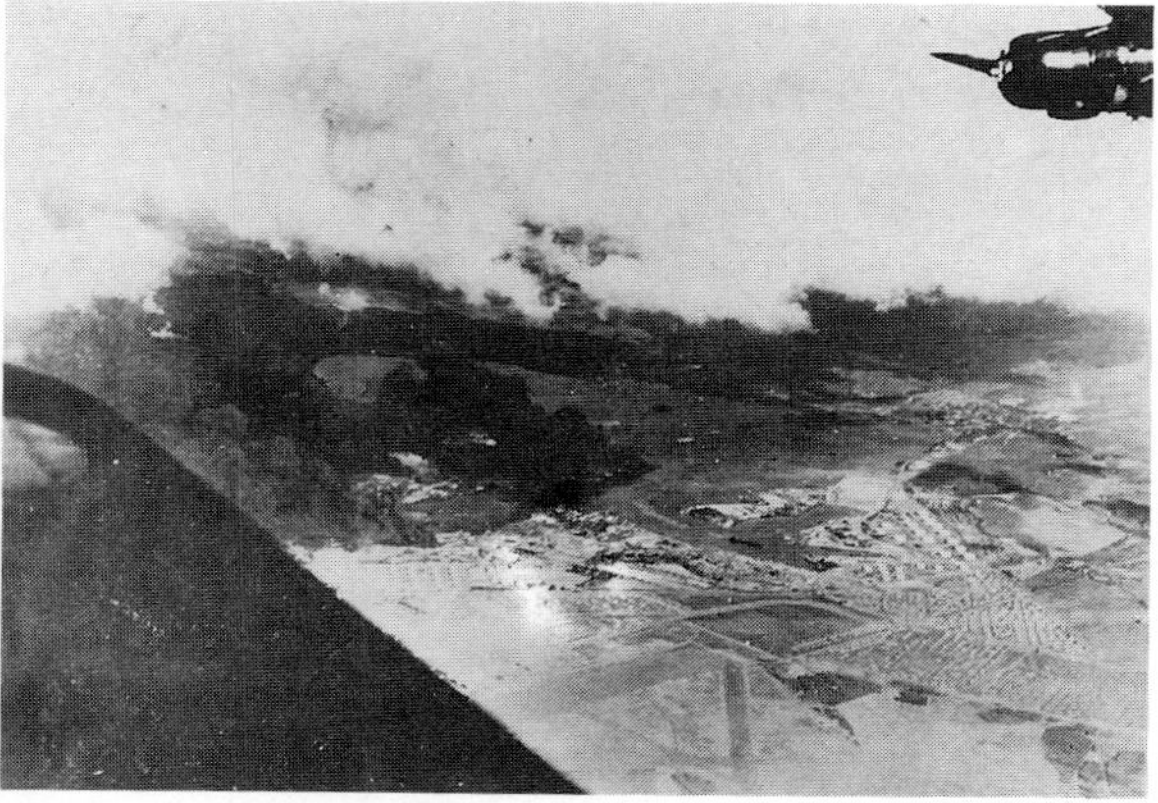

▲日米ついに開戦。攻撃隊が真珠湾に殺到。

パールハーバー

源田 実

幻冬舎文庫

パールハーバー◉目次

●写真提供――――毎日新聞社
●企画協力――――石田ひろし
●編集協力――――(株)元気工房

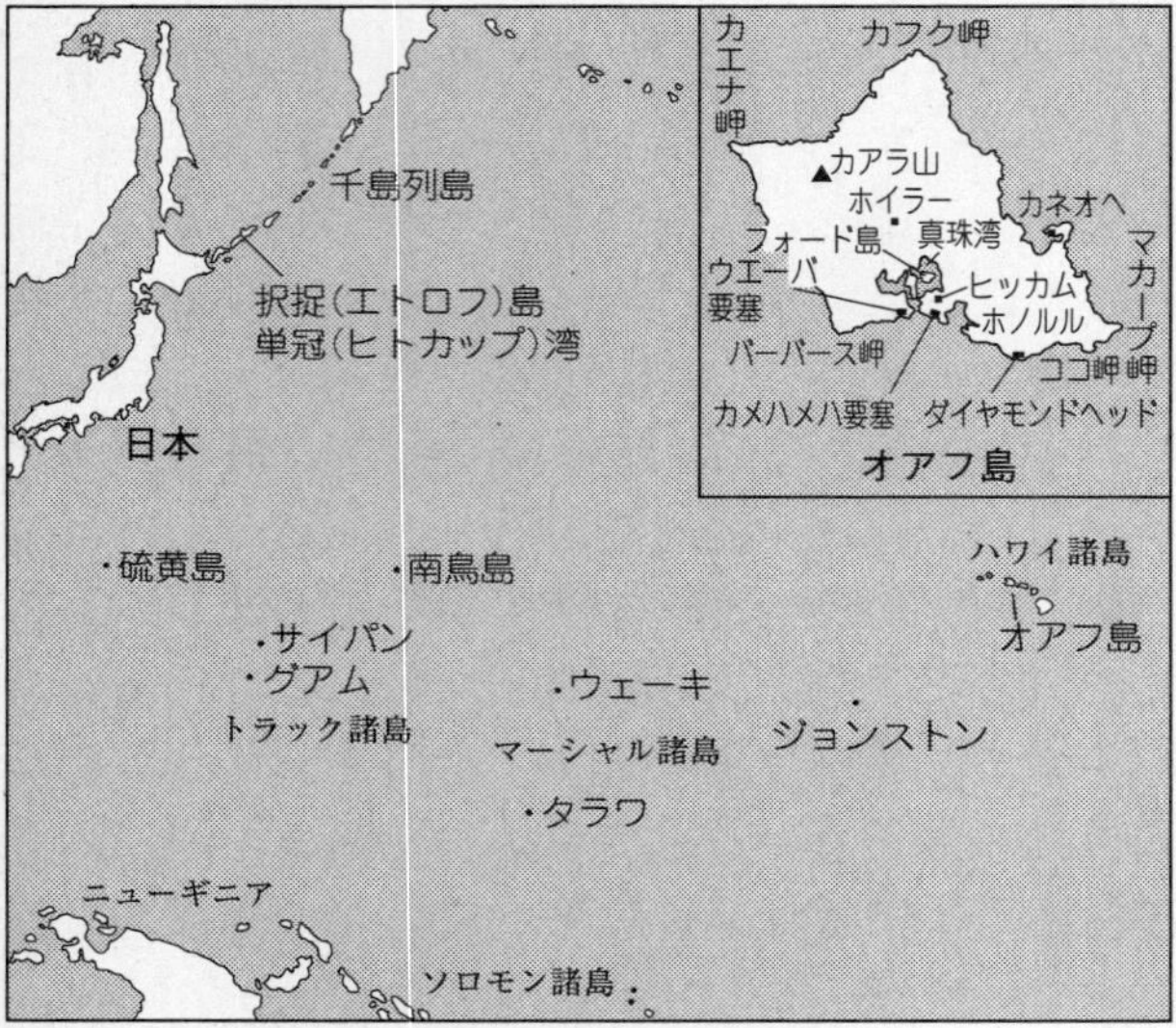

▲ パールハーバー（真珠湾）攻撃の要図

パールハーバー

真珠湾に賭ける

歴史は壮大なドラマである。そこには必ず主人公がいる。

もしも歴史上、山本五十六《いそろく》という人物がいなかったら、また、たとえいたとしても、連合艦隊司令長官の重職を占めていなかったら、一世を震駭《しんがい》させた「真珠湾攻撃」という、あの奇想天外な作戦は敢行されなかったであろう。

東京湾からハワイのオアフ島まで、洋上三千四百カイリ（六千三百キロ）の距離がある。太平洋における米軍最大の前進根拠地オアフ島へ、当時最新鋭の航空母艦六隻を中核に、戦艦、巡洋艦、駆逐艦など合わせて七十隻以上もの大艦隊をもって、絶後とはいわないまでも、空前の奇襲攻撃をかける。その用兵、尋常にあらず。並みの用兵家には、思いもよらぬことである。

白鳥は一声に全生涯を賭けるという。山本長官は、この一挙に賭けた。

いまのハワイは、戦略的価値もやや薄れて、日本人の観光客などで大いに賑《にぎ》わっているが、戦前のハワイはそんな悠長なものではなかった。

昭和十五年（一九四〇）九月、私は駐英大使館付武官補佐官の任務を終え、戦乱の欧州をあとに帰朝の途にあった。大西洋をクリッパー（大型飛行艇）で渡り、米国本土とハワイを経由して帰ってきたのだが、当時、ハワイの警戒ぶりはすでに相当なものであった。私の身辺にも厳しい監視の目が光っていた。

思えば、私とハワイ・真珠湾とのそもそものなれそめは、この時のホノルル寄港に始まったといってよい。

私の乗った船が、ホノルルの桟橋に横付けになると、待ちかまえていたように友人が船室に駆け込んできた。

「Gメンが、君をさがしているよ」

上陸すれば、どうせつけ回されると思って、船のラウンジで本を読んでいると、ほどなくそこへGメンがのこのことやってきた。

「源田《げんだ》少佐か？」

「左様」

「ロンドンはどうだった？」

ドイツ空軍の爆撃下にあるロンドンの様子はどうか、という意味である。

「真っ暗だった」

灯火管制下のロンドンが真っ暗なのは、当たり前だろう。

「上陸するのか？」

「まだ、決めていないよ」

Gメンとの問答はそれだけだったが、要するに、滅多なことはしてくれるなよ。ちゃんとこうして見張っているのだから——ということだ。

大西洋を横断した飛行艇がニューヨークに着水した時にも、十人ほどの新聞記者が他の客には目もくれないで、私を取り囲み、同じ質問を浴びせかけた。翌日の朝刊は一様に私の写真を載せ、次のような説明書きがしてあった。

——この男が、イギリスから日本に帰る途中、アメリカに立ち寄っている。

ハワイ列島中のオアフ島は、米国にとっては東太平洋における最大の要塞《ようさい》島であった。ここに米太平洋艦隊が駐留することは、対日作戦上の立ち上がりの姿勢を、常にとっていることを意味する。たとえていえば、ちょうどライオンが獲物を襲う直前の、あの〝跳躍準備〟の姿勢に当たる。

一方、昭和六年（一九三一）九月の満州事変勃発以来、年を逐《お》って悪化の傾向を強めていた日米関係は、十五年（一九四〇）九月の日独伊「三国同盟」の締結によって最悪の状態に達し、日本としては明治以来の大陸政策を「ハル・ノート」のいうままに百八十度転換するか、それとも米英を相手に乾坤一擲《けんこんいってき》の決戦に踏み切って、死中に活を求めるか——二者択一の立場に追い込まれていた。

世間には、ハワイ・真珠湾攻撃をさして、あまりにも投機的な作戦である、と批判するものが多い。特に海軍の用兵家にそれが多かった。

しかし、よく考えてみれば、日本が米英を相手に開戦することの方が、はるかに無謀であった。なんとなれば、米英を相手にする場合、その作戦の主舞台は「海洋」である。従って、海上作戦において勝利を収めなければ、この戦争に勝つ見込みはない。

わが国の海軍力は、大正十一年（一九二二）二月に締結されたワシントン条約（海軍軍備制限条約）によって、主力艦（戦艦、巡洋戦艦）と航空母艦において、対英米六割（五・五・三）の比率に抑えられていた。

この条約は、やがて廃棄された。しかし、彼我《ひが》の海軍力の差は、概《おおむ》ねそのままの姿であった。海兵五十二期の私たちが、海軍少尉に任官した大正末期から、およそ海軍に籍を置く者の頭の中から片時として離れなかった最大の課題――それは「いかにして〝六割海軍〟をもって〝十割海軍〟を撃ち破ることができるか」ということだった。つまり「N2法則」（数の多い方が勝つ）を超えることにあったわけだ。

そのために、夜戦の演練、優速の活用、一般術力の練磨……等々、用兵と技術の両面にわたって、文字通り骨身を削るような猛訓練が、日夜をわかたず繰り広げられていた。しかし、いくら骨身を削るような努力をしてみても、何百回とやった演習や図上の研究に関する限り、「これならば……」という自信の持てる戦法の案出や、またこれを実用に供し得るような態勢は、残念ながら整っていなかった。

山本連合艦隊司令長官は、時の及川海軍大臣にあてた書簡（十六年一月七日付）の中でこの点を指摘し、その対策を真剣に考えていたのに対して、一般の用兵家の間では、

――いざ戦争ということになれば、精神力も加わるし、戦運もある。

といった漠然とした考え方が支配していた。

山本連合艦隊司令長官が昭和十六年一月七日付で、時の及川海軍大臣あてに出された書簡の一節に、次のようなくだりがある。

――しばしば図上演習などの示す結果を観察すれば、「正々堂々たる邀撃《ようげき》作戦によって」帝国海軍はいまだ一回の大勝を得たことがなく、このまま推移すれば、恐らくジリ貧に陥るのではないかと懸念される情勢で、演習中止となるのを恒例とした……（防衛庁戦史室編「ハワイ海戦」による）。

私が参加したほとんどすべての図上演習での結果でも、まさに山本長官がこの書簡で指摘している通りであった。

長官は「このままではいけない。なんとか旧套《きゅうとう》を打破する方策を講じなければ……」と真剣に考えていた。これに対して一般の用兵家の間では「実際の戦争は、机上の演習とは違う。精神力も加わるし、戦運もある」と漠然と考えていた。そこに用兵家としての根本的な違いがある。

日本海軍の基本的な戦略戦術は「戦艦主兵」の固定思想に基づく「邀撃作戦」にあった。

――太平洋を西進してくる（であろう）米国艦隊を途中に邀《よう》し、潜水部隊、水雷部隊、航空部隊などをもって漸減作戦を実施し、彼我の勢力がほぼ伯仲したところで、全力決戦を行なう。

というもので、バルチック艦隊を日本海で撃滅した輝かしい伝統に根ざしていた。最後の勝負は、戦艦同士の「タマの射ち合い」で決まる。この「戦艦主兵」の思想は、米海軍も当時は同じことであった。

さすれば、精神力や術力、用兵能力などにおいて「十」に対する不足の「四」を補って余りあるものがなければならない。だが、そんな確証はどこにもない。ないどころか、これらの要素において、わが方が劣っている場合さえ考えられないわけではなかった。

射った砲弾が必ず命中すると仮定しても、N2法則は冷厳で、五隻と三隻で撃ち合い、双方とも一分間に一発の命中弾を得て十発命中すれば相手を撃沈し得るものとすれば、約五分後の残存勢力は一方がなお四隻なのに対し、他方はゼロ隻になるのである。

対米英戦において、勝算を立て得る見込みを理論的に求めるならば、まず、基本的には旧来と異なる兵術思想に基づき、兵力構成と戦法とを組み立てなければならない。

当時にあっては、わずかに「航空主兵論」のみが、これに対応することのできる唯一のものであった。

昭和十一年（一九三六）ごろから、海軍航空関係者の一部によって、航空主兵の兵術構想が提案されていたのだが、大艦巨砲の戦艦主兵思想に凝り固まっていた海軍首脳の頭を切り換えさせることはできなかった。

山本長官のハワイ攻撃の着想は、その頭脳も軍備もそのままにして、ただ用兵の上だけで「航空主兵論」を実行に移したのである。

日本だけでなく、世界中の海軍が「戦艦主兵思想」に凝り固まっている中で、それを超えて用兵の上だけで「ハワイ攻撃」を着想した山本司令長官は、人も知るごとく最も強硬な戦争反対論者であった。が、同時に作戦部隊の指揮官としては、この人ほど攻撃精神の旺盛な人もいなかった。

その面目をうかがわせる書簡は多い。特に、日米交渉がヤマ場にさしかかったころ、時の嶋田海軍大臣にあてた書簡（十六年十月二十四日付）は、作戦指導の最高指揮官として、山本長官が当時、どのような心境にあったか。その一端を知るようすがとも思われるので、次にその内容を紹介しておこう。

——さて、この度は容易ならざる政変（注＝東條内閣誕生）の跡を引き受けられ、ご苦辛の程深察にたえず、専心隊務に従事し得る小生らこそ、もったいない次第と感謝つかまつり候《そうろう》。

しかるところ、昨年来しばしば図上演習ならびに兵棋《へいぎ》演習等を演練せるに、要するに南方作戦がいかに順当に行きても、そのほぼ完了せる時機には、甲巡以下小艦艇には相当の損害を見、殊に航空機に至りては毎々三分の二を消尽し（あとの三分の一も完全なるものは殆《ほと》んど残らざる実況を呈すべし）、いわゆる海軍兵力が伸び切る有様と相成るおそれ多分にあり、しかも航空兵力の補充能力甚だしく貧弱なる現状においては、続いて来るべき海上本作戦に即応すること至難なりと認めざるを得ざるをもって、種々考慮研究の上、結局、開戦劈頭《へきとう》、有力なる航空兵力をもって、敵本営に斬り込み、彼をして物心ともに当分起ち難きまでの痛撃を加うるのほか無し、と考うるに立ち至りたる次第に御座候。

敵将キンメル（注＝米太平洋艦隊司令長官）の性格および最近の米海軍の思想を観

察するに、彼必ずしも漸進攻法のみによるものとは思われず、しかして我が南方作戦中の皇国本土の防衛実力を顧念すれば、真に寒心にたえざるものこれあり、幸いに南方作戦比較的有利に発展しつつありとも、万一、敵機が東京、大阪を急襲し、一朝にしてこの両都府を焼尽せるが如き場合はもちろん、さほどの損害なしとするも、国論は果たして海軍に対して、何というべきか。日露戦争を回想すれば、想い半ばに過ぐるものありと存じ候。

書簡はこのあと、開戦劈頭のハワイ・真珠湾攻撃計画に対する「大賭博《おおばくち》」論について触れていく。

——きくところによれば、軍令部の一部等において、この劈頭の航空作戦（注＝真珠湾攻撃）の如きは、結局、一支作戦に過ぎず、かつ成否半々の大賭博にして、これに航空艦隊の全力を傾注するが如きは、以っての外なり、との意見を有する由なるも、そもそもこの支那作戦四年（注＝中国大陸での泥沼戦争）疲弊の余を受けて、米・英・支との同時作戦に加うるに対露（注＝旧ソ連）をも考慮に入れ、欧独作戦

(注＝ヨーロッパ戦線)の数倍の地域にわたり、持久作戦をもって、自立自営十数年の久しきに堪えむと企図するところに、非常の無理ある次第にて、これをしも押し切り敢行、否、大勢に押されて立ち上がらざるを得ずとすれば、艦隊担当者(注＝連合艦隊司令長官)としては、到底、尋常一様の作戦にては見込み立たず、結局、桶狭間《おけはざま》と、鵯越《ひよどりごえ》と、川中島とを合わせ行なうのやむを得ざる羽目に追い込まるる次第に御座候。

この辺のことは、当隊先任参謀(注＝黒島亀人《かめと》大佐)上京説明により、一応同意を得たる次第なるも、一部には主将たる小生の性格ならびに力量等にも相当不安を抱きおる人々もあるらしく、この国家の超非常時には、個人のことなど考うる余地もこれなく、かつ、もともと小生自身も大艦隊長官として適任とも自任せず、従って先に(昨十五年十一月末)、総長殿下ならびに及川前大臣には、米内《よない》大将の起用を進言せし所以《ゆえん》に之有《これあり》候えば、右事情等十分にご考慮下され、大局的見地よりご処理のほど願い上げ候。

以上は、結局、小生の伎倆不熟のため、安全堂々たる正攻法的順次作戦に自信なき窮余の策に過ぎざるをもって、他に適当の担任者あらば、欣然《きんぜん》退却を躊躇《ちゅうちょ》せざる心境に御座候。

なお大局より考慮すれば、日米英の衝突は、避けらるるものならば之を避け、このさい隠忍《いんにん》自戒、臥薪嘗胆《がしんしょうたん》すべきはもちろんなるも、それには非常の勇気と力とを要し、今日の事態にまで追い込まれたる日本が、果たして左様に転機し得べきか。申すも畏《かし》きことながら、唯残されたるは、尊き聖断の一途のみと恐懼《きょうく》する次第に御座候。

何卒《なにとぞ》　御健在を祈り上げ候。

敬具

昭和十六年十月二十四日

山本五十六

嶋田大兄　御座下

山本司令長官が嶋田海相にあてた切々たる書簡の内容を紹介した。同じ趣旨のことは、実はその年（昭和十六年）の二月初め、私が鹿屋《かのや》基地（鹿児島県）において、当時の第十一航空艦隊の参謀長だった大西瀧治郎《たきじろう》少将に会い、真珠湾攻撃の秘策を打ち明けられたとき、その場で見せられた、大西参謀長あての山本司令長官の手紙の中にもあった。

ロンドンから帰朝した私は、当時、第一航空戦隊の旗艦「加賀《かが》」に幕僚として乗り組んでいた。司令官は戸塚道太郎少将で、昭和十二年（一九三七）八月、第一連合航空隊司令官として、渡洋爆撃隊を指揮した人である。

「加賀」が鹿児島県の志布志《しぶし》沖に投錨《とうびょう》していたとき、鹿屋にいた第十一航空艦隊参謀長の大西瀧治郎少将から一通の手紙を受け取った。「相談したいことがあるから、鹿屋基地に来てくれ」ということだ。鹿屋は海軍が新採用した九六式陸上攻撃機の中枢基地で、十六年一月に編制された第十一航空艦隊の司令部も本拠をこの鹿屋に置いていた。

何事ならんと、鹿屋基地へ急行した。基地に到着して案内された公室には、いつもと同じ笑顔の大西少将がなぜか一人だけで待っていた。

「まあ、そこに座れよ」

私がソファに腰をおろすと、自分も腰をかけ、やおら懐《ふところ》から一通の封書を取り出しながら、静かに言った。

「ちょっと、これを読んでくれ」

何気なくその封書を見ると、表には「第十一艦隊司令部　大西少将閣下」とあり、裏を見ると差出人は「山本五十六」とある。何か特別便で送られてきたものらしい。中身は、美濃罫紙《みのけいし》に墨痕淋漓《ぼっこんりんり》とした山本提督独特の達筆が走っていた。正確な文章は記憶も定かでないが、その趣旨は今でも私の脳裏に焼きついている。

――国際情勢のいかんによっては、あるいは日米開戦のやむなきに至るかもしれない。日米が干戈《かんか》をとって相戦う場合、わが方としては、何か余程《よほど》思い切った戦法をとらなければ、勝ちを制することはできない。

――それには、開戦劈頭、ハワイ方面にある米国艦隊の主力に対し、わが第一、第二航空戦隊飛行機隊の全力をもって、痛撃を与え、当分の間、米国艦隊の西太平洋進攻を不可能ならしむるを要す。

――目標は米国戦艦群であり、攻撃は雷撃隊による片道攻撃とする。

――本作戦は容易ならざることとなるも、本職みずからこの空襲部隊の指揮官を拝命し、作戦遂行に全力を挙げる決意である。ついては、この作戦をいかなる方法によって実施すればよいか、研究してもらいたい。

「うーん、偉いことを考えたものだ。一本とられた」――息を詰めてこの手紙を一気に読んだ直後の私の実感だった。

山本提督の手紙を一気に読んで目をあげると、その様子をじっと見詰めていた大西少将が、にんまりしながらおもむろに口を開いた。

「そこでやね、君ひとつ、この作戦を研究してみてくれんか。できるかできないか、どうすればやれるか、そんなところが知りたいんだ」

「承知しました。ところで、長官はどうして戦艦群を目標とされたのでしょうか。山本長官ほどの人が、いまだに戦艦を海上の主力と考えているとは思われないし、また、たとえ戦艦が主力であるとしても、航空母艦のいない艦隊では、戦艦もその威力を発揮できないと思います」

大西少将は私を見詰めたまま、口元をぐっと引き締めて黙っていた。

「それからもう一つ、長官のお考えでは、片道攻撃となっていますが、これにはどうにも賛成できませんなあ。母艦が遠くの方でヘッピリ腰をしていて、飛行機を出したあとさっさと逃げて帰るようでは、統帥《とうすい》上、大きな問題が残るでしょうし、攻撃効果も十分なものを期待できないと思います」

当時、数えの三十六歳になったばかりの私の口調には、怒気が含まれていた。それを感じ取ってか、大西少将はやんわりと、

「うん、君のいうことも一理ある。が、長官の考え方はまた違っていると思われるんだ。まず攻撃目標を戦艦においている点だが、海上戦闘の鍵を飛行機が握っていると思っているのは、おれたちだけなんだ。海軍部内のほとんど全部が『戦艦が一番強い』と思っているし、航空関係者の中にさえ、そう思っているものが少なくない。部内がそうなんだから、国民はもちろん『戦艦が海の王者だ』と思っているだろう。この考え方はアメリカも同じだろうよ。そうではないんだという〝証拠〟がない限り、守るも攻めるもくろがねの……ちゅうわけで、やっぱり戦艦中心主義だよ」

今度は私が黙する番である。大西少将は、

「長官が考えておられるのは、単なる兵術的な利害だけではない。もっと大きいもの、つまり心理的利害を考えておられるのではないだろうか。航空母艦がやられても、戦艦が残っていれば、アメリカ国民はまだまだ大丈夫だと思うだろう。しかし、戦艦の大部分がやられたらガックリくるに違いない。私の想像だが、長官のねらいどころは、

どうもそんなところにあるような気がする。君が賛成できないという片道攻撃にしても、やはり心理的なものだ。今までどこの国も片道攻撃なんてやったことがない。それを開戦劈頭、何百機でやるとなれば、そんな無茶なヤツを相手に戦争するのはご免だ、そういう印象をアメリカ人の頭の中にたたき込むことができる。長官はそう考えているのではないか」

私はすぐこう言った。

「なるほど、山本長官はそういうふうに考えておられるのですか。しかし、私はやはり目標は戦艦群ではなく、航空母艦を第一目標に選ぶべきだと思います」

私は、かたくななまでに、空母を第一にねらうべきことを具申した。

大西少将は、急に話題を変えた。

「雷撃について、君はどう思うね。長官は、雷撃ができないようならば、この攻撃はやらない、といっておられるのだが……」

「私は戦闘機乗りなので、雷撃の方はわかりかねますが、真珠湾の水深は、約十二メートル付近なので、研究すればできないことはないと思います」

「そうか!」

「しかし、雷撃ができなくても、致命傷を与えることを考えなければなりません」

「………」

「攻撃目標を航空母艦に絞れば、艦爆（急降下爆撃）だけで、十分に致命傷が与えられます。（敵陣の中に）飛び込むことさえできれば、あとは何とかなるのですが、問題は、どのようにして我が方の母艦群を無傷のまま、攻撃可能な距離までもっていくか。最大の問題はこれです」

「そのことだ。こんな作戦は、事前に（母艦群が）発見されるようなことにでもなると、元も子もなくなる。アメリカの軍艦だけではない。第三国の商船に見つかっても、もうお仕舞いだ。まあ、潜水艦でも何十カイリ（一カイリ＝一八五二メートル）か前方に出して、何か見たならば、微力送信で知らせる手もあるだろうが……」

「攻撃時刻については？」

「こういう奇襲をやる時は、一般的には黎明《れいめい》とか、夜間攻撃だろうが、自分は、真っ昼間がいいと思う。なぜなら、攻撃の成果を確認することが、こんどの奇襲の場合、第一と思われるからだ。万が一にも、敵に我が方の企図を察知されたならば、攻撃時刻が黎明であろうが、真夜中であろうが、致命的な反撃を受けることに間違いはないのだから……」

大西少将は、緊張の極にあった私に対して、声を強めてこう厳命した。

「要するにだ。この作戦を成功させるための第一の要件は、機密保持だ。その点、十分に気をつけて、研究してくれ」

第十一航空艦隊司令部の大西参謀長公室を辞去した私は、直ちに有明湾（鹿児島県、宮崎県）の志布志沖に錨《いかり》をおろしていた第一航空戦隊の旗艦「加賀」にとって返し、自分の私室にこもって、秘かに検討を始めた。

幕僚は通常、幕僚事務室で執務するが、同事務室では各幕僚が隣合わせで勤務している。いつなんどき研究の内容が漏れるかもしれない。ましてや真珠湾の軍機海図など拡げて研究するわけにはいかない。

案は約一週間の後にできた。二つの案を携えて、鹿屋の第十一航空艦隊司令部に赴き、参謀長の大西少将に手渡した。十六年の二月中旬のことである。

案といっても、まだ素案の域を出ないが、二種類の攻撃計画を立案した。

第一案は、雷撃が可能な場合、第二案は、雷撃が不可能な場合である。ごく簡単に説明すると、次のようなことになる。

雷撃が可能な場合＝これを実施するときは、艦上攻撃機の全力を雷撃機とし、これと艦爆（急降下爆撃機）の協同攻撃を行なう。

雷撃が不可能な場合＝この場合は、艦上攻撃機を全部おろし、その代わりに艦爆を積み、攻撃は全面的に艦爆に依存する。

二つの素案とも、攻撃の主目標は航空母艦とし、副攻撃目標として戦艦、巡洋艦以下の補助艦艇、飛行場施設とした。また戦闘機は、制空と地上飛行機に対する銃撃に充《あ》てる。

さらに、この一大航空作戦に使用する母艦としては、第一航空戦隊、第二航空戦隊の全力、すなわち赤城《あかぎ》、加賀、蒼龍《そうりゅう》、飛龍《ひりゅう》と第四航空戦隊の龍驤《りゅうじょう》を加えたものであった。

当時はまだ「進撃航路」に関する研究までには至っていなかった。しかし、いずれにしても航行船舶の多い南方から攻撃する手はない。「行くなら、北からだ」という確信に近い考えは持っていた。

このようにして、山本司令長官の発想によるハワイ航空作戦に関する私の初答申は、大西少将に提出された。答申の趣旨は、山本長官の作戦構想に全面的に賛意を表し、その実行には多くの困難や障害は伴うけれども、これらは懸命の努力を積み重ねることによって、排除できるものである——というものであった。

ところで、この時期において、私はどうしても確信の持てないことが、いくつかあった。

その一つは、機密が最後まで保持できるかということ。この種の作戦は、敵の意表をつくものでなければ、絶対に成功するものではない。

機密保持のうちでも、当方の不心得によって漏れるものは、関係者の心掛け次第でなくすることができる。たとえば「敵を欺《あざむ》くには、まず味方を欺け」ということだ。

このくらいの心掛けで、訓練や計画を周到に進めていく。そうすれば、不用意に機密を漏洩《ろうえい》することはないだろう。

しかし、ハワイに対する一大航空作戦は、太平洋を股にかけての隠密行動である。

機密漏洩の危険は、長期にわたって常にあった。

最大の問題は、ハワイに向かって進撃中に、アメリカの艦船や飛行機、あるいは第三国の船に出会うことはないか。これは当方ではどうにもならない問題である。そこで艦船などが滅多に通らない〝魔の航路〟を選ぶことになる。

どこからどうしてハワイへ攻め込むか――。

「要するにだ。この作戦を成功させるための第一の要件は、機密保持にある」

大西少将のずっしりとした重い声は、第一航空戦隊の旗艦「加賀」で、同僚の目をぬすみながら、私室にこもって研究に没頭していた私の耳の底で、鳴りつづけていた。

そうした折も折、海軍大学の甲種学生時代の戦務教官だった、有馬正文大佐が講義した中のある一節が、チラリと私の脳裏をかすめた。

――冬期の北太平洋は、魔の海といわれるくらい時化《しけ》る。船の航行は極めて困難である。そのため、北太平洋を横断する商船は、西向きのものは、アラスカの南でベーリング海に入り、アリューシャン列島の北を通り、カムチャツカ半島の東を南に抜けて、再び太平洋に入るのを例とする。

という一節である。

もし、開戦の時期が冬場ならば、アリューシャン列島の南をすり抜けて、ハワイ列島の真北から一路南へ、鵯越のさか落としのように突っ込んでいけば、相手側が特に警戒して捜索網でも張っていない限り、発見される公算は少ないのではないか。
そんな考えが、素案づくりに熱くなっていた私の頭の中でひらめいた。

不可能を可能にする

大西少将が、いわゆる「大西試案」をつくられて、山本長官のもとに提出されたのは、四月初めのことのようだが、その中に私の考えがどの程度まで参考にされていたか、当時は知る由もなかった。

「大西試案」を私が知ったのは、たしかその年の九月ごろだった。軍令部第一課（作戦課）に要務で出向いた時、参考のためにといって手渡された。

私の素案と大きく違っていた点が一つあった。それは、雷撃が不可能な場合どうするかという点である。

私の素案では「艦攻（艦上攻撃機）を全部おろし、代わりに艦爆（急降下爆撃機）を積み、攻撃は全面的に艦爆に依存する」ことにしていた。

大西案では「雷撃ができない場合でも、艦攻はおろさないで、小さな爆弾（六十キロ・六個）を搭載して、真珠湾内の補助艦艇（巡洋艦、駆逐艦など）を攻撃する」ようになっていた。

大西少将の考えでは、雷撃機による攻撃ができなくて、戦艦など主力艦に致命的な打撃を与えることができなくなった場合でも、その手足となって働く補助艦艇の大部分をやっつけておけば、主力部隊の行動はかなり制約されることとなろう。

そのような計算が、大西少将にはあったものと思われる。

私が素案の中で、雷撃が不可能な場合は、「艦攻を全部おろす」ことにしていたのは、深い訳がある。

深い訳というのは、ほかでもない。当時、艦攻（艦上攻撃機）による水平爆撃の命中率は極めて低かった。

仮に、戦艦一隻を撃沈するとしよう。この場合、爆弾を投下する前に、一機も撃墜されることなく、無事、敵艦上に到達することができたとしても、百六十機から二百機の艦攻を必要とするのである。

これは日露戦争や第一次世界大戦におけるジュットランド海戦の教訓等から、次のような計算が出ていた。

――自分と同級の敵艦を撃沈するためには、自分の主砲弾について、平均十六発の命中弾を必要とする

というのである。

その意味は、当時の連合艦隊旗艦「長門《ながと》」型（アメリカの場合だと、コロラド級）戦艦を撃沈するためには、長門型の主砲四十センチ砲弾を十六発命中させなければ、敵の戦艦は沈まないということだ。

だとすれば、第一、第二航空戦隊が擁している艦攻の全機、九十機（各機とも八百キログラムの徹甲《てっこう》爆弾一発を搭載）をもってしては、ただの一隻も撃沈することはできない。

しかも、命中率一〇％以下という極めて低い当時のことである。

私が素案で、水平爆撃を計画の中に入れなかったのは、そうした事情によるものであった。

大西少将の案では、雷撃ができない場合でも、艦攻はおろさないで、小さい爆弾をたくさん搭載して、真珠湾内の補助艦艇を攻撃するというわけだから、この間の事情は若干違ってくる。

いずれにしても、雷撃ができるかどうか。その能否が、この作戦の成否を決する重大な鍵を握ることになる。

雷撃が可能となれば、艦攻の全機を雷撃機とし、これに艦爆をつけて、両者による協同攻撃も可能になる。さすれば、真珠湾への道も、おのずから開けてこようというものである。

雷撃は、海軍航空のいわば「筋金《すじがね》」である。日本海軍が最も力を入れた攻撃戦法の一つでもあった。

水平爆撃によって、最新型戦艦一隻を撃沈するのに必要な直撃弾を得るためには、赤城型空母六隻を充当しなければならない。

これを雷撃でやれば、同一の機数で優に十隻以上の主力艦を海底の藻屑《もくず》と化せしめることができる。

そうした観点から、第一航空戦隊司令部では、

——航空母艦の攻撃隊は、水平爆撃を廃止し、雷撃と急降下爆撃の二つに絞り、この訓練に集中すべし。

という結論に達し、戸塚司令官が連合艦隊の戦技研究会の席上、意見を発表したほ

どだ。

戦雲が濃くなるにつれて、心配された水平爆撃は急速に実績をあげていく一方、浅海面における雷撃訓練は、鹿児島基地を中心に、実戦にまさる苦闘を日夜続けていた。

米太平洋艦隊が洋上を行動中とか、深海の泊地《はくち》にいる時なら、雷撃は問題ではない。日本海軍が長年にわたって研究・演練を重ねてきた雷撃法をそのまま適用すれば、それでもう十分である。それに艦上攻撃機を残らず雷撃機に転用すれば、雷撃効果をさらに大きくすることもできる。

しかし、目指す敵艦が真珠湾の奥深く在泊している時は、そんなわけにはいかない。空中から魚雷で攻撃するには、水深があまりにも浅い。

われわれがその時までに知り得た情報では、真珠湾内の水の深さは十二メートルである。その浅海の湾内深く、在泊中の敵艦隊を撃滅するためには、魚雷の沈度——つまり飛行機から発射した魚雷が、海面すれすれの調定深度につくまでの最大深度は、どうしても十二メートル以内でなければならない。

ところが、当時の日本海軍が常用していた発射高度は五十メートルないし百メートルで、大編隊による同時攻撃で空中が錯綜《さくそう》すると、最大二百五十メートルに及ぶこともあった。当然、沈度は深く、概ね六十メートル付近で、ときには百メートルにも達した。そんな状況で、真珠湾の敵艦隊を襲っても、大きな戦果を期待することはできない。

作戦実施の決定権を持っていた山本連合艦隊司令長官は、みずから発案し、それを最も強力に推進していく過程で、

「もし、雷撃がどうしてもできない場合には、この作戦（真珠湾攻撃）は取りやめる」

と腹心の大西少将にもらしたことがある。

もちろん、一度、肚《はら》に決めたことをそう簡単に出したり、引っ込めたりする山本長官ではない。考えに考え抜いたこの作戦実施のために、陣容の入れ替えとか、研究の推進とか、あらゆる手段・方法を駆使して、問題の解決に当たっていたであろうことは、疑う余地がない。

不可能を可能にしないで、アメリカを相手にした戦争に勝てるか――そんな不屈の意志が「もしも（雷撃が）できないなら、やめる」というためらいの裏にあった。

問題は、その目的をはっきりさせないで、魚雷の沈度十二メートル以内という不可

能に近い浅海面での雷撃訓練をどこで、どうやって、短時日の間に仕上げるか。

——これから真珠湾攻撃をやるために、命がけで浅海面雷撃の訓練をやります。

とは口がさけてもいえない。

なんのために、こんな無茶な訓練をやるのか。パイロット達は不審がった。

雷撃隊幹部の一部で実施された実験発射の成績は、平均沈度十二メートル以下の駛《し》走《そう》率（魚雷が計画通り水中を疾走する率）はせいぜい五〇％程度で、真珠湾の場面において、全面的に役立つものではなかった。

こうして約六カ月が過ぎたころ、第一航空艦隊（長官・南雲忠一《なぐもちゅういち》中将）麾下《きか》の各母艦の飛行長、飛行隊長が各艦長、司令官・幕僚と一緒に旗艦「加賀」の舷梯《げんてい》を続々と上がってきた。

その日は、秋晴れの上天気だった。

九州各地に分散して、訓練に励んでいた第一航空艦隊の各母艦艦長、各航空戦隊司令官とその幕僚達と一緒に、各母艦の飛行長、飛行隊長が有明湾に碇泊《ていはく》していた旗艦「加賀」の長官公室に参集した。

長いテーブルの上席側には、第二航空戦隊司令官山口多聞《たもん》少将、第一航空艦隊司令部の草鹿《くさか》龍之介参謀長以下の幕僚が、長官席の左右に控えていた。

参集者は、なんで今ごろ急に招集を受けたのか見当がつかない。だれもが怪訝《けげん》な顔をしていた。

細長いテーブルの上には、黒い布で覆われた方形の板が二つ置いてあった。これもなんであるか、参集者のだれも知っていなかった。

母艦「蒼龍」の楠本《くすもと》飛行長（中佐）は、長官室に入る前に、私の顔をのぞき込むようにして、

「いったい、何の話があるんだ」

と聞く。私は答えた。

「うん、今にわかるよ」

楠本中佐が不思議がるのも無理はない。

秋十月ともなると、海軍の年度教育訓練は総仕上げの時期である。特に航空部隊のそれは洋上の高速目標（全速力で行動中の仮想敵艦）に対する大飛行機隊の協同攻撃とか、夜間雷爆撃などが中心に行なわれる。

それが、この年（昭和十六年）はかなり様子が違っていた。

当時の海軍は、毎年十一月初めに人事の大異動を行なって、翌年度の人事構成を定め、十二月一日から新年度の教育訓練が始まる。

三月末までに基礎的な諸訓練をやり、四月（下士官の定期異動がある）に母港に帰って補充交代、船体修理、休養等をする。五月から応用訓練に入り、八月ごろまでの間、戦技（射撃、発射、運転、通信、飛行等）万般の訓練とその総仕上げが行なわれる。

それが終わって、十月に入ると、例年ならば大演習とか小演習とかで、艦隊の諸部隊は総合訓練で総仕上げされ、年度末（十一月末）を迎えるのが常である。

ところが、この年はこれらの訓練もやりながら、そのほかに碇泊艦に対する爆撃や雷撃の訓練を並行させていた。

この種の訓練は、実は最も初歩的なもので、やるなら年度初頭に少しやれば事足りる。おかしいと思うのは当然で、万一、開戦となれば、第一航空艦隊に何か特殊な目標が与えられるのでないかと密《ひそ》かに思われていたようだ。

長官公室の隣室から、潮やけしたいかめしい顔の南雲中将が、ガッチリとした体軀《たいく》を公室に運んできた。

テーブルの中央に位置を占めると、参集者をひとわたり見渡した上で、ゆっくりとした口調で話し出した。

「本日、みんなに参集してもらったのは余の儀ではない。万一、日米開戦ともなれば、わが第一航空艦隊はA1（海軍用略語でハワイのこと）空襲を行なう予定である。容易ならざる作戦であるが、何とか成功までこぎつけなければならない。問題は極秘中の極秘であり、機密の漏洩は即敗北を意味する。しかし、いっさいを機密の幕の中に包んでいては、訓練にも身が入らないだろうし、また訓練計画や実施も、思うにまかせないだろう。そこで、直接、飛行隊の教育訓練に当たる各飛行隊長および各艦長、飛行長等に集まってもらった次第である。計画の概要については、幕僚に説明させるから、十分に打ち合わせをしてもらいたい」

長官の話は室内を〝凍結〟させた。終わると同時に、テーブルの上の〝謎の黒い布〟がとり払われた。

その下から出てきたものは、実に見事な「オアフ島の模型」と、仮製《かりせい》の「真珠湾模型」であった。

黒い布の下から出てきたオアフ島の模型は、軍令部が専門家に作らせた見事なもので、参会者の視線を集めた。もう一つの真珠湾模型は、連合艦隊司令部が工作関係者に命じて仮製させたものだ。

作戦実施の場合、空中部隊の指揮官となる各飛行隊長、あるいは搭乗員達のボスである各艦の飛行長達は、皆、大陸の航空戦に従事したベテランぞろいである。

訓練の大目的が明確に示された各艦の飛行長や飛行隊長は、それまでのモヤモヤも吹き飛んで、「ヨーシきた。やるぞ！」といいたげな顔つきに変わっていた。

南雲長官が話し終わると、草鹿参謀長が直《す》ぐあとを引き取って、

「まだ攻撃計画は立案中であり、諸君の意見を徴した上で、練り上げるのであるが、この作戦が成功するか否かは、一つにかかって雷撃が可能であるかどうかにある。山本長官もその点を非常に心配されている。ただ今から航空参謀の源田中佐に、ハワイ方面の概況と攻撃計画の素案を説明させるが、雷撃の能否について、一応の見当をつけてもらいたい」

そこで私は、テーブルの上に置かれてある二つの模型を土台に、真珠湾およびオアフ島方面における米軍の配備、訓練状況、地形等をできるだけ詳しく説明し、次いでわが方の攻撃計画の大要を説明した。

計画そのものは、あとで実際にやったものと大差はないが、雷撃計画と水平爆撃との兵力配分については、当事者の意見具申に基づいて、基本的構想まで変えることになった。

参集者は時を移さず雷撃関係、水平爆撃、降下爆撃、戦闘機等の各専門別に分かれ、攻撃の能否、方法等を模型について研究した。

もちろん、焦点は、雷撃能否の判断であった。

私は戦闘機のパイロットで、雷撃に関しては全く素人である。私なりの見当で、何とかなると思っていても、やはり専門家の確たる同意が欲しい。

当時、第一線指揮官の中で、雷撃に関する第一人者は、赤城飛行隊長の村田重治《しげはる》少佐であった。

ほかにも、加賀飛行長の佐多直大中佐、翔鶴《しようかく》飛行長の和田鉄二郎中佐、飛龍飛行長の天谷《あまがや》孝久中佐、蒼龍飛行長の楠本幾登中佐らがいた。いずれも長年、雷撃隊で訓練を積み、またその指導に当たってきた人達である。

今は飛行長の職にあって、雷撃隊を直接指揮する立場にはないが、年季の入ったその力量は、雷撃能否の判定や訓練計画、攻撃計画の立案に関する最良のアドバイザーだった。

二つの模型と真珠湾の軍機海図を参考にしながら、いろいろ相談していた雷撃関係グループに近づいて、私は村田少佐に聞いた。

「どうだ、ぶつ、出来るか？」

（村田重治少佐のことを同僚達はぶつと呼んでいた。由来は知らない）

「何とかいきそうですなあ」

なんのこだわりもなく、村田少佐が言ってのけたこの一言は、貴重であった。やがて十二月八日、海戦史上未曾有の遠征作戦で、決定的な戦果をもたらしたそもそもの因《もと》は、雷撃にかけては「その人あり」といわれた村田少佐のこの時の返答にあった。

その場に居合わせた佐多、和田両飛行長ら諸先輩も、概ね同様の見解を示した。

もちろん、当時、なんぴとも一〇〇％の確信を持っていたわけではない。それは、その後の死に物狂いの猛訓練において克服しなければならなかった数多くの障害に照らしても明らかである。

しかし、重要な点は、ここで前進の決意を固めたことである。空中指揮官達が「どうしても雷撃は不可能です」という意見を出したならば、あるいは真珠湾攻撃はヤミからヤミに葬られたかも知れない。仮に強行するにしても、機動部隊が内地を出港したのは十一月十七日だ。余裕はわずか一カ月余である。人間の入れ替えなどをやっていたならば、到底それに間に合わせることはできない。開戦時期を遅らせるか、真珠湾攻撃を中止するか、重大決断に迫られたであろう。

ともかく、この日の「加賀集合」において、各艦の空中指揮官である飛行隊長が、一人残らず前向きの姿勢を示したことは、時間的に余裕のないその後の訓練を推進し、具体的な計画を立案する上に大きな刺激剤となった。

連合艦隊の佐々木参謀は、何度となく私に問うた。

「山本長官が一番気にしておられるのは、司令部などの意向ではない。搭乗員にやる気があるかどうかだ。その点はどうか」

「搭乗員に関する限り、絶対にご心配いりません、と申し上げてくれ」

これが私の答えであった。

こう啖呵《たんか》を切ったものの、ハワイ攻撃の意図を搭乗員に知らせた上のことではない。それは全く私の一存である。

第一航空艦隊の各母艦に配乗している搭乗員の全部とはいわないが、飛行隊長や分隊長クラスは〝同じカマのめし〟を食った連中ばかりだ。その人達の性格、識量、練度は知りすぎるほど知っていた。

二月初め、山本長官の手紙を第十一航空艦隊参謀長の大西少将から見せられ、ハワイ攻撃に関する意図を知ってからは、人事にも気を配ってそれとなく適材を物色した。雷撃隊の隊長となった村田少佐もその一人である。彼は八月末の大異動（十六年に行なわれた異例なことの一つ）で、横須賀航空隊教官から第四航空戦隊の母艦「龍驤」の飛行隊長に転任してきた。だが、第四航空戦隊はハワイ攻撃部隊には予定されていなかった。

「龍驤」は小型の母艦で搭載機数も少なく、到底この作戦の一角を担うに足るものではなかった。村田少佐が「龍驤」に着任した直後、第一航空戦隊「加賀」の甲板を利用して、着艦訓練をやっていた時、ちょうど艦橋で彼の着艦を見ていた私は、

「ぶつを雷撃隊長にしなければならない」

と決心し、赤城の飛行隊長にもらい受けた。

それより先、加賀飛行隊長の橋口少佐が、

「この間、浴場でのことですが……」

と前置きして、鹿児島基地で例年と全く違った訓練（碇泊艦に対する爆撃、雷撃）をやっている搭乗員の会話を知らせてくれた。

「いったい、どこをやるんだろうなあ」

「マニラかな？　それともシンガポールかな？」

「だが、あそこには戦艦はいないぞ」

（このころはプリンス・オブ・ウェールズもレパルスも、まだ極東には来ていなかった）

「まさか、ハワイではないだろうなあ」

と話し合っていたというのだ。

「参謀、注意しないといけませんなあ」

橋口少佐は心配してくれた。

搭乗員達が冷静に推理すれば、ハワイそれも真珠湾軍港が目標になっていることはわかったであろう。わかっていながら、事の重大さに自制して、余計な詮索《せんさく》をしなかったとすれば、見上げたものだ。

本計画にたずさわる私達としては、単に他人の善意に期待することはできない。また、むやみやたらと人を疑って、訓練に入る熱をさましてもならない。

そこで考えた。主要な飛行機隊指揮官には事の次第を知らせ、その指揮官の指揮の下に訓練に精進する。別の表現をすれば、空中攻撃隊の基準単位である飛行隊長には「あの人のいうことだから、何か深いわけがあるのだろう」と部下が黙ってついていくような人物を選定することだ。

空中攻撃隊の各飛行隊長には、その部下となるものが、何らの疑いも抱かず、全幅の信頼を置いて、どんな無理でも、またどんなつまらないことでも「あの人のいうことなら……」と部下が誠心誠意ついていくような、そんな人物を選ぶことを考えたが、これにはほかにもう一つの理由があった。

それは第一航空艦隊の基本的な戦闘方針である。艦隊は目標が基地であれ、艦船であれ、大兵力を集中して圧倒的な破壊力を発揮することを方針としていた。

そのため、各飛行機隊の指揮官に、有能な人物を充当することはもちろん、空中の全軍を統轄する総指揮官に人を得なければならない。かたがたハワイ作戦の企図もあるので、その必要性を痛感していた。

人選に当たって、その条件として私が考えたことは、次の諸項目である。

一、優れた統率者であると同時に、十分な戦術眼を持っていること＝これはごく当たり前のことであって、特に説明の要はない。

二、できる限り「偵察者」であること＝数百機の大編隊を指揮し、これを作戦上の要求に合致するよう動かすのであるから、操縦を自分でやりながらでは十分なことができない。そこで、偵察者を特に希望したわけだ。

三、できる限り私と兵学校の同期生であること＝これには深いわけがある。隠密裏に大規模な作戦を遂行するためには、同志的結合がなければうまくいかない。命令を出す者とそれを受ける者との間に、ツーカーの気脈が通じていなければならない。私が担当幕僚として第一航空艦隊の航空作戦を起案し、長官に進言しているのだから、私の考えていることが、別に〝翻訳〟されなくても、空中攻撃隊の総指揮官に直ちにわかるような間柄であることが望ましい。形式的な命令一本でなく、命令には現われていないようなことでも、お互いの事前打ち合わせで処理することがある。このような人物は、そもそも海軍兵学校に入った時から苦労を共にした同級生の中の親友に求めるのが一番やさしいし、確実な方法でもある。

というようなわけで、兵学校の同級生の中から三人の偵察者を選定し、南雲長官、草鹿参謀長の許可を得た上で、海軍省人事局に出頭し、航空担当の河本局員にお願いした。

中央当局は艦隊の意志を受け入れて、すでに先年、赤城飛行隊長をやり、もう飛行長になるべき人物で、第四航空戦隊参謀だった淵田《ふちだ》中佐を再び赤城の飛行隊長に任命してくれた。

かくして第一航空艦隊の飛行隊長の顔触れは、艦攻隊が淵田中佐（赤城）、村田少佐（赤城）、橋口少佐（加賀）、楠見少佐（飛龍）、艦爆隊は江草《えぐさ》少佐（蒼龍）、艦戦隊は板谷少佐（赤城）という錚々《そうそう》たる陣容である。

さらに、あとから第一航空艦隊に編入された第五航空戦隊では艦攻隊が嶋崎少佐（瑞鶴《ずいかく》）、艦爆隊は高橋少佐（翔鶴）であった。

当時、大陸では昭和十二年（一九三七）七月から始まった日中戦争（支那事変と呼称されていた）がなお継続されていた。すでに四年余に及ぶ大陸の航空戦で、多くの有為な飛行将校を失った日本海軍は、飛行隊長クラスの不足に悩んでいた。

にもかかわらず、第一航空艦隊司令部として特に名指しで配員を要求した淵田中佐、村田少佐を始め、橋口、楠見、江草、板谷、嶋崎、高橋各少佐はいずれも海軍省当局の特別な計《はから》いによるものであった。そしてその人達の直属の部下である各分隊長も、大部分が大陸で実戦を経験していた。

第一航空艦隊の各母艦は、艦攻、艦爆、艦戦の三機種を持ち、それぞれ一個飛行隊を編制していたが、飛行隊長は各艦に一人であった。艦攻の飛行隊長がいるところの艦爆、艦戦は、先任分隊長が、飛行隊長の職務を兼務し、艦爆の飛行隊長がいるところは、艦攻、艦戦それぞれの先任分隊長が飛行隊長の職務を兼ねていた。

ところが、第一航空艦隊の旗艦「赤城」には、ずば抜けて優秀な飛行隊長が、三人も勢ぞろいした。一人は赤城二度目の飛行隊長として着任した艦攻の淵田中佐という飛行長クラスの人物。もう一人の板谷少佐は、戦闘機パイロットとしてベテランである上に、兵学校をクラスの首席で卒業したほどの秀才。そこへ同じ艦攻隊の飛行隊長として雷撃の権威、村田少佐が九月初めに着任してきて、雷撃法の研究訓練はこの時から白熱の度を加えていった。

映画や戦記物などで、鹿児島市の上空を人家の屋根すれすれに飛び、鴨池《かもいけ》付近で左旋回して雷撃行動に入る場面がよく出てくるが、あれは、このころから十一月中旬に基地引き揚げまでの間、死に物狂いで行なわれた淵田中佐、村田少佐指導による雷撃隊苦闘の姿である。

だが、発射魚雷の沈度制限は、なかなか進まなかった。技術面は停滞の域を脱することはできなかったが、用法面で画期的な提案がなされた。

旗艦「加賀」で飛行隊長以上の集合があってから、数日後のことである。鹿児島基地を訪れた私が、基地の士官室に入ると、淵田中佐と村田少佐がニコニコしながら、連れだってやってきた。

淵田中佐が、自信たっぷりに話をもちかけた。

「ぶつ（村田少佐）と相談したんだがね、艦攻の九機を二つに割って、四機を雷撃、五機を水平爆撃ということにしたら、どうかと思うんだ。四機ならば、腕のいいパイロットは、すべて雷撃に回せるし、碇泊艦、多分それも二隻ずつメザシのように並んでいるやつを水平爆撃するんだから、五機でも十分に目標は捕捉できるんだ。赤城と加賀は四機編隊の雷撃隊を三隊ずつ六隊、蒼龍と飛龍は二隊ずつ四隊にすれば、精鋭な雷撃機が四十機、水平爆撃隊は第一航空戦隊から五機編隊を六隊、第二航空戦隊から四隊とすれば、これで十隊、五十機の攻撃隊ができる。この方が、九機編隊の十隊より遥かに有効だと思うんだが、どうだ」

私は唸《うな》った。これは名案だ。

当時、海軍航空隊における攻撃隊の基本的編隊は、九機編成であった。三機をもって小隊、九機をもって中隊、二十七機をもって飛行隊とする。これが基本となっていた。

こういう編隊形式は、列国もこれを基本として採用していたので、ほとんど常識化されており、これに変更を加えることなど、どこの国のだれも考えていなかった。

その常識が破られた。空中攻撃隊の用法面について、画期的ともいえる提案が、淵田中佐と村田少佐の二人から相談する形で私にもちかけられた。

相談された私は、一も二もなく賛成した。

この用法だと、第一、第二両航空戦隊の艦攻隊九十機の戦力は、二倍とまではいかないまでも一・五倍くらいに増力することが可能になる。

「よし、そういうことにしよう。そのつもりで訓練を進めてくれ」

「そうか、のんでくれるか」

「うん、司令部の攻撃計画も、その方向で作成する」

ということになった。

淵田の案か、村田の案か、あるいは二人の合作かどうかは知らない。だれが最初に考え出したことかも知らないが、いずれにしても村田重治という人物がもしいなかったならば、この案は日の目を見ることはなかったろう。

雷爆撃の猛訓練

かくするうちに、機動部隊が内地の港（大分県佐伯湾《さえき》）を出なければならない予定日の十一月十七日は、迫ってくる。

だが、肝心カナメの雷撃能否についての目鼻は、まだついていない。

あと十日という時に、雷撃隊（赤城、加賀）の幹部が鹿児島基地に集まって、善後策を講じた。

さすがの村田少佐も、この時ばかりは、こんな弱音を吐いていた。

「もう、どうにも手がない。艦爆隊の健闘にまつほかはない」

昭和十六年十一月四日から六日にかけて、ハワイ攻撃部隊は艦船の全力と飛行機隊の大部をもって、佐伯湾に在泊中の連合艦隊および佐伯航空隊をハワイ・真珠湾のそれに見立てて、最後の演習を行なうことになっていた。

　だが、有明湾に設置した目標に対する雷撃成績は、懸命の努力をあざ笑うように、あまり芳《かんば》しいものではなかった。雷撃の最高権威といわれた村田少佐（赤城飛行隊長）も、さすがにネをあげていた。

　機動部隊の佐伯湾出撃（十一月十七日）まで、あと十日しかないという時に、鹿児島基地で善後策を協議した雷撃隊（赤城、加賀）の幹部は、村田少佐を始め日本海軍の雷撃隊を代表する練達者だが、そこでもこれという名案は出てこなかった。

　雷撃はあきらめるか。そうなると、ハワイ攻撃の胸算は、ずいぶんと狂ってくる――雷撃隊幹部の話を聞きながら、私はある種の計算をしていた。

……雷撃の駛走率（魚雷が計画通り走る率）を五〇％とすれば、発射前に四割を失っても、十二本程度の命中魚雷が期待できるのではないか。もし〝完全奇襲〟ができたならば、二十本程度の命中魚雷で戦艦、空母あわせて前者の場合は二ないし三隻、後者の場合だと、四ないし五隻に大打撃を与えることができる。

……雷撃で最も困るのは、敵が防御網を展張している場合だ。この場合はすべて爆撃にたよるほかはなく、攻撃効果は甚しく低下する。

……雷撃に大きな期待をかけ得ない時でも、水平爆撃隊の捕捉率八〇％、命中率四〇%とみて、八割方の編隊攻撃が可能ならば、十二～十六発の八百キロ徹甲爆弾の命中が期待できる。これは戦艦二隻くらいに致命傷を与え得る。

……なお、この場合は第一、第二両航空戦隊の艦爆隊は、全力をもって航空母艦に攻撃を集中する。八十一機の艦爆で、命中率を控え目にみても三十発くらいの命中が期待できる。これは航空母艦三隻に致命傷を与え得る。

私のこの計算によると、最悪の場合でも、在泊航空母艦の全部と戦艦二隻くらいに、当分（約半年）出撃不能の打撃を与えることができるだろう――と踏んでいた。

練達の雷撃隊幹部が、善後策にあぶら汗を流している最中に、一人の若いパイロットが、どえらいことを言い出した。赤城の根岸朝雄大尉である。

「どうです、隊長。発射時の機速をうんと下げて百ノット、高度も六メートルにし、機首角度を上四・五度ということにしてやってみたら……。この方法でやって、良く（魚雷が）走った経験があります」

「そうか、敵前で百ノットはどうかと思うが、この際、そんなことはいっておれんなあ」

「そうです、のるかそるかです。これでやらせてください」

「よし、それでやってみよう」

村田隊長は、根岸大尉の提案をその場で採用した。

赤城の若いパイロット根岸大尉が、みるにみかねて提案した捨て身の魚雷発射法を急いで実験してみようと即決した村田少佐は、同時に自分が横空（横須賀海軍航空隊）時代に手がけた浅海面発射法をそのままやってみることにした。

発射法の見地からは、沈度も定深距離も共に小であるほど有利だから、その短縮が常に要求された。しかし射入角度は同一でも、沈度に大きな差がある。よく調べてみると、飛行機から発射された魚雷は、そのほとんどが空中で長軸の回りを横転し、なかには二回も空中で横転することがわかった。

魚雷の空中横転――この夢想だにしなかった不可解な現象に、とどめを刺したのは「安定機（俗にヒレという）」の完成だった。航空廠の片岡政市少佐を中心とした研究陣が、航空魚雷の改良に残した功績は大きいが、その実験に協力した横空第三飛行隊の存在も大きかった。

安定機が制式兵器として採用されたのは、昭和十六年六月のことで、その年度の教育訓練用には供給されなかった。だが、予測された有事に備えて、三菱兵器製作所では全力をあげてその生産に当たった。

この結果、十一月末に至って、待望の安定機付きの改良魚雷百本が完成し、全母艦と一部の陸上航空部隊に「九一式魚雷改二」として供給された。

この改良魚雷がやがて真珠湾、マレー沖で炸裂《さくれつ》するのだが私が改良魚雷の実験結果を知ったのは十一月十日のことで、出撃準備のため佐世保に入泊していた時だった。

鹿児島基地にいた赤城飛行隊長の淵田中佐から、「本日発射実験の結果、第一法、第二法ともに駛走率八三％」という意味の電報を受け取った。

第一法（射法）とは発射高度十～二十メートル、発射時機速百六十ノット、機首角度ゼロ。第二法は同じく七メートル、百ノット、上四・五度である。

この電報は、南雲長官以下司令部の幕僚達をホッとさせた。ハワイに向けて内地を出撃する直前でのこの〝吉報〟は、攻撃時における重大な障害の一つを乗り越えたことを意味した。

だが、雷撃にはまだ難問がある。魚雷防御網と阻害気球だ。気球は戦闘機の銃撃で処理できても、敵が舷側に魚雷防御網を張っていたら、まずお手上げである。

網切器も研究実験してもらったが、どうしても沈度が大きくなり、真珠湾攻撃に間に合わない。飛行機隊としては、前衛機が防御網に穴をあけ、後続機がその穴を通して、魚雷を走らせることまで考えた。

いずれにしても、敵艦の舷側に魚雷防御網が張りめぐらされていたならば、雷撃の成功は、大きくは望み得なかったであろう。

雷撃隊が、村田少佐の下に急速に練度を高めていたのと並行して、心配されていた水平爆撃の精度も、シリ上がりによくなっていた。

敵艦隊が洋上にある時、艦攻（艦上攻撃隊）が水平爆撃をやることは滅多にない。艦攻には、雷撃という最も有効な攻撃方法があるからだ。

しかし日本海軍では、異種・異方面からの同時攻撃は敵の対空砲火を分散させ、多数機による集中攻撃を容易にすることができるとの見地から、水平爆撃の訓練は毎年行なわれていた。

ところが、「動的」に対する水平爆撃の命中率は極めて低く、最高でも一〇%を上回ることはなかった。これでは一撃必中を旨とする洋上航空戦には適応できない。

一方、急降下爆撃の命中率は五〇%前後、雷撃は七〇%から八〇%、時には一〇〇%の命中率が期待できることから、水平爆撃は艦隊戦闘の場面から年々その影を薄めつつあった。

十六年三月に行なわれた連合艦隊甲種戦闘飛行でも、第一航空戦隊加賀の雷撃隊は、ほとんど一〇〇％の命中成績をあげ、急降下爆撃も六〇％以上の命中率を示した。これに対して水平爆撃の方は、相変わらず一〇％以下を低迷していた。もしこのままの命中率ならば、赤城・加賀・蒼龍・飛龍の四隻に搭載する艦攻の全力を集中しても、長門級の戦艦一隻すら撃沈することはできない。

これは過去の戦訓で「戦艦一隻を撃沈するのに要する命中弾は、同型艦の主砲十二ないし十六発の直撃弾を必要とする」との計算によるものである。

戦闘飛行の研究会で、第一航空戦隊司令部の意見として、「水平爆撃の全廃」が戸塚司令官から具申されたことは、前に紹介した通りだが、この提案に当たって、ただ一つ気がかりなことがあった。真珠湾攻撃である。

真珠湾でもし雷撃ができない場合、戦艦群に致命的打撃を与え得る手段は、水平爆撃しかない。しかも標的は、洋上の「動的」ではなく、泊地の「不動的」である。

戸塚司令官の意見具申は、艦隊の洋上決戦を想定してのことだが、連合艦隊司令部も中央当局も、この提案には賛意を示さなかった。

連合艦隊の甲種戦闘飛行のあと、四月十日には第一、第二、第四航空戦隊を合わせて、第一航空艦隊が編制され、第一航空戦隊には新たに「赤城」が加えられて、司令長官南雲中将の旗艦となった。

その赤城の艦攻隊分隊長として乗り込んできたのが、布留川泉《ふるかわいずみ》大尉である。彼はそれまで横空にいて、特修科練習生（爆撃専攻）の教官をやっていた。

この布留川大尉と一緒にやってきた爆撃専修員に、すごいのがいた。操縦一飛曹の渡辺晃、偵察一飛曹の阿曽《あそ》弥之助という名コンビである。

布留川大尉の指導の下に、やがてこの二人があげていった爆撃成績はまことに素晴らしいもので、水平爆撃に対するこれまでの評価を根底から改めさせずにはおかなかった。

私は心の中で叫んだ。

「うん、これなら水平爆撃だけでも、真珠湾攻撃ができるぞ！」

第一航空艦隊の旗艦になったばかりの空母「赤城」は、横須賀を出港して鹿児島に向かって行動中、本州南方海面で標的艦「摂津《せっつ》」に対し爆撃演習を行なった。四月二十三日である。

第一回目の爆撃が終わり、飛行機隊が着艦するやいなや、隊長の常陸《ひたち》武少佐（のちの第五航空戦隊参謀）は声をはずませながら、私に向かって叫んだ。

「おい、四発当たったぞ！」

自由に回避運動をする標的に対して、高度三千メートルから九機編隊で四発命中させれば四五％の命中率である。水平爆撃ではちょっと考えられない成績だが、標的艦からの報告もあるので間違いはない。

最初は、まぐれ当たりだろうぐらいに思っていた。が、その日のうちに二回、三回と連続して行なわれた爆撃が、いずれも三発ないし五発の命中弾。こうなると、もう「まぐれ当たり」ではない。

この日、横須賀航空隊でも爆撃の権威による爆弾投下が行なわれたが、この方の成績は赤城を上回っていた。水平爆撃の命中率が、急降下爆撃のそれに比べて遜色《そんしょく》がなく、これを持続できるのならば、急降下爆撃よりも遥かに威力がある。

急降下爆撃の使用爆弾は二百五十キロの通常爆弾である。これでは戦艦の水平装甲を貫徹して心臓部で炸裂させることはできない。旧型空母なら救命傷を与えることができても、水平装甲を強化した新型には歯が立たない。

ところが、水平爆撃だと、事情は大きく変わってくる。

まず使用爆弾は、八百キロ徹甲爆弾となる。

これは長門、陸奥の主砲四十センチ砲の砲弾を爆弾に改造したもので、当時就役していた米国海軍の艦艇で、高度三千メートル以上から投下するこの改造爆弾に耐え得るものはなかった。

当時、連合艦隊の旗艦「長門」に匹敵する最新型戦艦で、米海軍の〝トラの子〟といわれたコロラド型戦艦でも、この八百キロ徹甲爆弾が命中すれば、水平装甲を全部打ち破り、あわよくばその火薬庫に飛び込んで、一発で「轟沈《ごうちん》」させることもできる。

見違えるような爆撃成績を見て、最初に私の頭に浮かんだことは、

——これなら、万一、雷撃ができないときでも、水平爆撃で（真珠湾攻撃が）できる。

ということだった。

水平爆撃への希望を取り戻させたこの日の演習が終わってから、布留川大尉に聞いてみた。

「従来の爆撃法と、どこがどう違っているんだ」

きりっとした口元から白い歯をのぞかせながら、大尉は答えた。

「水平爆撃で、最も重要なのは操縦者です。従来は、爆撃は爆撃照準手がやるもので、操縦者は単に〝車引き〟にすぎないという観念でした。これではほんとうに良い爆撃はできないのです。操縦者の爆撃操縦法。これが精密度のカギであることが、横空の研究でわかったのです」

水平爆撃に対する評価を根底から改めさせた布留川大尉による「横空の研究」――つまり爆撃専修員の教育、爆撃法の研究とその成果――は素晴らしいものだった。しかし、それは割愛して話を先に進めたい。

四月二十三日の赤城艦攻隊の爆撃成績を契機に、第一航空艦隊司令部の水平爆撃に対する見方は、

――雷撃がダメなら、水平爆撃がある。

と大きく変わった。

このため、爆撃嚮導機《きょうどうき》の操縦者と爆撃手のコンビを十八組、鹿児島基地に集中させ

て、加賀飛行隊長の橋口少佐を指揮官に、布留川大尉を補佐官として、十六年後半から特別訓練を実施した。

爆撃嚮導機の搭乗員は、他の搭乗員が雷撃や偵察等の訓練に従事している時でも、鹿児島湾内に設定された標的、標的艦「摂津」、あるいは有明湾の大崎海岸にある海軍爆撃場の砂地に描いた米戦艦コロラド型の標的に対して、ひたすら訓練に明け暮れた。

嚮導機の搭乗員に、横空で爆撃の特訓教育を受けた練達者のコンビを十八組もそろえることは、容易なことではなかった。人選は布留川大尉、交渉は私がやったが、風当たりは強かった。

「一航艦（第一航空艦隊）ばかりが、いくさをするんじゃない。他の部隊はどうなるのか」

反論や不満はどこでも出た。

「実は、ハワイで……」

と一言いえば、二つ返事で承知してくれることがわかっていても、それが言えない苦しさはたとえようもなかった。

「そのところをなんとか一つ……」

とおがみ倒して、要員を確保するしかない。

最終的には、われわれの望みは叶えられた。あるいは連合艦隊司令部から中央当局へ、中央当局から各部隊に対して、

「一航艦の要求を優先するように」

という指示が出ていたのかも知れない。

結果として、訓練の成果は大いにあがった。

真珠湾攻撃で碇泊艦爆撃に従事した第一、第二航空戦隊の水平爆撃隊は、投下弾数四十九発のうち命中弾十三発、命中率二六・五％という驚くべき成績を収めたことでもわかる。

なかでも戦艦アリゾナに命中した八百キロ徹甲爆弾四発のうち一発は火薬庫を誘爆させ、この艦を完全に破壊した。これはどうやら、布留川隊の大手柄だったらしい。

攻撃隊の総指揮官、淵田美津雄中佐によれば、この大爆発の瞬間は、さしも激しかった敵の対空砲火が、一瞬全部止まったように感じたという。

布留川大尉は、この攻撃に16ミリカメラを携行し、発進から攻撃隊の集合、進撃、

真珠湾突入に至るまでをフィルムに収めてきた。よく映画などに出てくる実写場面は、同大尉が撮ったものだが、肝心の「アリゾナの大爆発」が入っていない。

なぜか？　と不審がる私に、はにかみながら彼は答えた。

「いや、なにぶんにも下からどんどん射ってくるし、乗機が激しくゆれたもんで……」

真珠湾攻撃の計画、準備、訓練のすべてを通じて、ほとんど何らの心配もなかったのは、艦爆隊と艦戦隊である。

当の飛行隊長や分隊長にすれば、いろいろと不満もあったろうが、その実行に多くの技術的障害を乗り越えなければならなかった雷撃隊や水平爆撃隊に比べれば、問題にならなかった。

真珠湾攻撃の中核を形成したのは、第一、第二航空戦隊の飛行機隊だが、この中で戦闘機隊は赤城飛行隊長の板谷茂少佐、艦爆隊は蒼龍飛行隊長の江草隆繁少佐がそれぞれ一手に預かり、統一訓練を行なった。両少佐とも、その機種に関しては日本海軍の代表的なパイロットであり、大陸の航空戦での歴戦の勇士でもあった。

艦戦隊、艦爆隊ともに絶対信頼のおける術力を持っていた。もし「奇襲」が変じて

「強襲」になった場合、攻撃の能否は戦闘機の術力いかんにかかってくる。

昭和十四、十五の二年間、在英大使館付武官補佐官として、英独の航空戦をつぶさに観戦してきた私は、彼らの空中戦を地上から見ただけで、「わが海軍戦闘機の敵にあらず」と思っていた。

私自身が戦闘機パイロットだっただけに、こと戦闘機に関する判断には、絶対の自信を持っていた。

私はそれまで航空部隊勤務中に、米、英、独、仏四カ国の戦闘機を操縦し、射撃や空中戦闘の訓練をやった経験がある。その経験から得た教訓は、日本海軍戦闘機の設計、試作の上に十分生かされていた。

従って日本海軍の戦闘機は、パイロットの術力において勝《まさ》っているだけでなく、敵の戦闘機に対する空戦性能においても、わが方の機種が遥かに勝っていると思っていた。

私のこの判断は、大陸の航空機における空中戦闘で、その正当性が立証されていた。

特に真珠湾攻撃に当たっては、前年からの大陸の空で、その無敵ぶりを遺憾なく発揮していた、日本海軍が誇る「零式艦上戦闘機」の最新型を搭載していた。自信を持たない方が、おかしいくらいのものだ。

第一次攻撃隊第三集団（制空隊）の指揮官になる板谷少佐は、

「自分の胸算としては、わが一機をもって、敵の三機に対抗できる」

と語っていた。

この予言が間違いでなかったことは、開戦当初の実績で示される。

第二次攻撃隊第二集団（急降下爆撃隊）の指揮官になる江草少佐は、十六年八月に横空から第二航空戦隊の母艦「蒼龍」の飛行隊長としてやってきた。

第一、第二航空戦隊の艦爆隊は、宮崎県の富高《とみたか》、鹿児島県の笠野原《かさのはら》にそれぞれ基地を設営して訓練を進めていたが、すべて江草少佐の一元的指導の下に行なわれ、雷撃の村田少佐ともども、一流中の一流たる飛行指揮官の真価を発揮していた。

開戦までの間に、第一、第二航戦隊の艦爆機八十一機は、江草少佐の意のままに動き、隊員全員が彼に全幅の信頼をおいていた。

「六割海軍」の対米戦略

「日米もし戦わば」――戦前の一時期、そんな空想小説が、よく読まれたことがある。太平洋を主戦場に実際に展開された日米海軍の激突は、その空想をも遥かにしのぐものがあった。また敵味方を問わず、海軍の用兵思想の上に大きな変革をもたらした。なかでも最大のものは何か？　と問われれば、私はためらうことなく、こう答えるだろう。

――海の王者・戦艦の時代はすでに終わっていた。これをものの見事に実証した初めての戦いが、太平洋戦争であった。と同時に、その戦艦に代わって航空母艦を海の覇者たらしめた戦いでもあった。

日本海軍が戦前から計画し、戦争中に就役した超大型戦艦に「大和」と「武蔵」があった。両戦艦とも搭載した口径四十六センチの巨砲といい、その防御力といい、全世界の戦艦の中でも群を抜くもので、戦艦では人類がつくった最高級品であった。

もし、太平洋戦争でも海の王者が戦艦であったならば、戦争の経過も変わっていたに違いない。だが、時代はもはや「戦艦主兵」ではなく、すでに「航空主兵」に移っていた。

わが海軍首脳がこれに気づいた時は、もうどうすることもできない時期に入っていた。

といっても、この種の錯誤を犯したのは、日本海軍の首脳だけではない。米英を始め、どこの国の海軍首脳もすべて、戦艦を海上の王者と考え、強くそれを信仰したまま、第二次大戦に臨んだ。

ただ、米海軍の場合は、戦争に突入してからでも、航空母艦と戦艦のどちらが王者となり、覇者になっても、優に他国を圧倒するだけの国力を背後に持ち、十分な兵力量を整えることができた。

戦争末期に、米国側が駆使した膨大な航空母艦群は、戦前において海軍首脳が予見して生まれたものではない。

日清・日露の両戦役はもちろん、第一次世界大戦においては戦艦の比類なき威力がものをいい、この勢力の優越したものが、常に勝ちを制していた。

そうした歴史的事実が、列国海軍の兵術思想を裏付けていた。新しい兵種として航空機が登場しても、深く根をおろした戦艦主兵論から、実証のない航空主兵論に転換することは、望むべくもなかった。

第一次大戦のあと、日本、米国、イタリア等で、散発的に航空主兵論が唱えられたことがあった。しかし、いずれの国の当局もそれに耳をかそうとはしなかった。

それどころか、航空主兵論を強く唱えたばかりに、軍法会議に付せられ、軍籍から追放されるような憂き目にあった人さえいた。

そうした世界的風潮の中で、航空主兵論が組織的、論理的に台頭し始めたのは、日本海軍が最初であった。

なぜか、それはワシントン会議（一九二一年）とロンドン会議（一九三〇年）の結果に求められる。いわゆる「六割海軍」がそれである。

戦略戦術は、いざ開戦となってから、考えるものではない。どこの国の軍隊でも、平素から怠りなく研究し、演練も重ねている。また、どの国を相手にするかによって、その研究・演練の仕法も、おのずから変わってくる。

その変化は、戦略面において、特に著しい。そのため、どこの軍隊も、平素から「仮想敵国」を想定している。しかしこれは、ある特定の国をことさらに〝敵視〟するのではなく、「自国を侵略し得る武力を備えた国が、自国の周辺に存在するならば、その国に侵略の意思が無い場合でも、一応はこれに対する防衛力を備えておく」ことだ。

当方の備えは、一朝一夕につくり上げることはできないが、先方の侵略の意思は、一晩どころか、いつなんどきでも生じ得る。ことに相手が独裁国の場合には、指導者の交代によって、その危険が生じやすい。

従って、極端な場合には、最も友好的な関係にある国が「仮想敵国」であることも、当然、考えられる。

十九世紀末の日米関係は、極めて良好な関係にあった。ことに二十世紀初頭の日露戦争時はその友好ムードも頂点に達していた。もちろん互いに相手を仮想敵国とはみていない。

日本海軍が米海軍を第一の仮想敵に据えたのは、日露戦争が日本の勝利に終わって間もない明治四十年、陸海並列（陸は対露、海は対米）の帝国国防方針においてである。それはやがて「八八艦隊」構想の前提ともなる。

「八八艦隊」――それは日英同盟の下に、ロシアを相手に「六六艦隊」で戦って完全勝利した日本海軍が、世界戦略上に夢みた幻の艦隊である。

第一次大戦（一九一四～一八年）に連合国側の一員として参戦した日本は、南洋諸島をはじめ極東におけるドイツ帝国の権益を手に入れた。

そうした情勢と前後して、新たな仮想敵たる米海軍に対抗するに足る海上戦力として、艦齢八年未満の戦艦、巡洋戦艦それぞれ八隻の主力艦と、それに見合う補助艦艇として巡洋艦、駆逐艦など数十隻を配備する計画を策定、具体化を急いだ。

この計画に初めて予算がついたのは、大正九年（一九二〇）のことだが、この年を初年度に以降八年間にわたり、総額約十億円に達する継続支出が決定された。最新型の戦艦四隻、巡洋戦艦四隻、巡洋艦十二隻、駆逐艦三十二隻などを新しく建造して、八八艦隊を完成するためである。

大正九年の軍事費は、陸海軍合わせて六億五千万円弱、うち海軍関係は四億円強を占めた。政府支出総額に対する軍事費の割合は、実に四八％を記録した。

翌大正十年はさらにこれを上回り、その比率は四九％、うち三三％は海軍（建艦）関係とあって、

「軍艦で日本が沈む」

と騒がれた。

私が海軍兵学校から合格通知を受けたのは、まさにそのころ大正十年七月のことであった。

「軍艦で国が沈む」と騒いだのは、わが国だけではない。

第一次大戦後の戦勝列強（イギリス、アメリカ、日本、フランス、イタリア）は、いずれも大規模な建艦計画を抱え込んでいた。

大戦前の軍備拡張競争から大戦にかけて、急速に進歩した軍事科学は、軍備のあらゆる面に一大革新をもたらした。なかでも軍艦はすっかり老朽化してしまい、早急に最新型の軍艦を建造する必要に迫られていた。

だが、先立つものはカネである。戦争に勝ちはしたものの、へとへとの状態で休戦ラッパ（一九一八年十一月）をきいたばかりの戦勝列強にとっては、大変な財政負担である。

さらに全世界を覆う平和希求の風潮は、巨大な軍備拡充に対する批判に拍車をかけ、どこの国の政府も議会も、軍からの要求を削るのに大童《おおわらわ》であった。

そうした中で、日米両国間には何かとトゲトゲしい空気が流れていた。日清・日露の戦役に連勝し、第一次大戦で大いに稼いで力をつけた日本が、極東の新興勢力としてのし上がってくるにつれて、日米間の利益はいたるところで〝火花〟を散らすようになる。

こうなると、日本海軍の仮想敵・米海軍はもう〝仮想〟ではなくなってくる。しかも当時の米国では、「日米もし戦わば」日英同盟の関係でイギリスは日本側につくと考えられていた。

日英同盟条約第四条は「総括的仲裁裁判条約を締結している国に対しては、交戦の義務はない」と規定し、英米間にはその条約が存在していた。だから法理論上きわめてナンセンスなことだが、それだけで米国の疑心暗鬼を解くことはできなかった。

日米間の建艦競争が一段と激烈の度を加えようとした時、米国側から声がかかった。

「海軍拡張競争は、もうやめようではないか」

国際協定で、海軍軍備制限の道を開こうというわけだ。

できることならそうしたい――これは列強政府とも同じ思いだった。それを見越しての米国提案でもあったわけだが、八年間に総額十億円もの継続支出を決めていた日本政府にしても、例外ではなかった。

大戦中からの物価騰貴は、休戦後も一向にやむ様子はなく、列強が互いにとってきた積極財政と相まって、財政規模は膨張するばかりであった。たまりかねてか、米国議会では一九二一年度の海軍予算を可決するに当たって、「アメリカ、イギリス、日本で軍縮会議を開け」と付帯決議をしたほどである。

日・米・英の三大海軍国にフランス、イタリアを加えた当時の五大国代表が一九二一年十一月十二日、ワシントン市のコンティネンタル・メモリアム・ホールに集まった。

日本代表は、首席全権に海軍大臣加藤友三郎、全権に公爵徳川家達《いえさと》と駐米大使幣原《しではら》喜重郎を配して、会議に臨んだ。開会劈頭《へきとう》、米国代表のヒューズ国務長官は〝爆弾提案〟を投げて会議をリードする。

「彼は、たった一回の演説で、有史以来のいかなる海軍提督よりも多くの軍艦を沈めた」

彼とは、米国務長官ヒューズのことである。

大正十年（一九二一）十一月十二日午前十時半、ワシントン会議の第一回目はハーディング米大統領の開会の辞についで、英国代表バルフォアが立ち、この会議のモットーを「簡潔・正直・名誉」としたい旨を述べ、慣例によって主催国の米国代表ヒューズを議長に推薦した。

満場一致で議長席についたヒューズの口から出たものは、儀礼的な議長就任演説ではなかった。日本海軍にとっては、まさに〝爆弾〟であった。

相談ずくではラチがあかないとみてか、ヒューズ米代表が開会劈頭に投げた爆弾動議は、まず原則として次の三点をあげた。

一、主力艦（戦艦、巡洋戦艦）建造計画は、目下建造中のものを含めてすべて放棄する。

二、老朽艦の一部を廃艦とする。

三、今後の海軍力制限は、概ね今日の各国現有海軍力を考慮して決定される。

ヒューズ代表はさらに日米英三国について、具体的な主力艦制限案を打ち出した。

まず、放棄すべきものとして、

日本＝建造中のもの七隻（二十八万九千百三十排水量トン）、老朽艦十隻（十五万九千八百二十八排水量トン）、このほか主力艦八隻の建造計画は廃止（注＝これは「八八艦隊」の中絶を意味する）

米国＝建造中のもの十五隻（六十一万八千排水量トン）（注＝米政府は建造費三億三千万ドルを支出済みだった）、老朽艦十五隻（二十二万七千七百四十排水量トン）

英国＝建造中のもの四隻（十七万二千排水量トン）、老朽艦十九隻（四十一万千三百七十五排水量トン）

次に、将来における最大限トン数は、

日本＝三十万

米国＝五十万

英国＝五十万

この提案を「歴史的快挙」として双手《もろて》をあげて賛意を表したのは英国代表バルフォアで、これをきっかけに、会議は米英協調の下に進められた。

老朽艦を多く抱えていた英国は、提案通り軍縮が実施されると、海上勢力は米国より劣ることになる。にもかかわらず、エリザベス一世以来の七つの海の覇権を棄ててまで、この会議の成功を望んだのは、建艦競争の重荷に耐え切れない内政上の問題もさることながら、将来ともに国際政治の上で米国と協調していくハラを決めていたからである。

一九一七年のロシア革命、翌一八年のドイツ降伏で存在価値を薄めていた日英同盟協約（一九〇二）は、このワシントン会議の過程で、軍縮条約よりも一足先に調印（一九二一年十二月十三日）された太平洋の属領諸島に関する四国協約（日米英仏）によって廃棄される。

だが、最大問題は、ヒューズ提案で将来の最大限トン数として「英五・米五・日三」の比率を押しつけられた日本の動向にあった。

ワシントン会議の劈頭、ヒューズ議長（米国務長官）が投げた爆弾動議は、要するに、

――米・英・日の三国が保有すべき主力艦（戦艦、巡洋戦艦）と航空母艦の総トン数は現有勢力を基準として、米英各十割に対し、日本は六割とする

というものだ。全権の一人、徳川公爵は、

「いや、どぎもを抜かれた。ほかの国の代表もそうだったろうが、自分もご同様さ」と述懐していたそうだが、首席全権の加藤海軍大将（注＝会議出席中の海軍大臣は当初、原敬首相が臨時代理）は、この会議はまとめなければならぬと、心に決めていたようだ。

全権団に対する政府訓令は「対米七割」だった。あとでわかったことだが、日本の外務省は一九二一年夏、暗号を全部変えたので安心していた。ところが、ワシントン会議開催中、日本側の電報約五千通は米国側にことごとく解読されていた。

そんなこととはツユ知らず、日本代表は「十対七」を主張して、ヒューズ提案の修正を迫っていた。艦種も性能も艦齢もちがう軍艦をトン数で比較することは難しく、換算の方法ではかなり違った結果が出る。

日本側専門委員会の算定では、今日の現有主力艦の比率は米国十に対して日本は七・八になる。だから「十対七」は日本側の大きな譲歩だと主張する。

これに対して米国側専門委員会の算定方法では、これが「十対五・五」になる。だから「十対六」の比率でも日本にとっては極めて有利だというわけだ。交渉は平行線のまま新年（大正十一年）を迎える。

「対米七割が得られないようなら、旗を巻いて帰るべし」といった強硬論が全権団をゆさぶっていたころ、加藤全権から、

「あす、みんなに休暇をやるから、ピッツバーグに行って、そこの煙突の数を調べて来い」

といわれて出掛けていった連中が、ペンシルヴァニア州西南の大工業都市で、当時、世界無比といわれた製鉄基地・ピッツバーグで見たものは、日本一の八幡製鉄所など、足元にも及ばないものであった。強硬論が鳴りをひそめた。

加藤全権は専門委員を集めて、

「兵術論をいくら言い張ってもムダである。何とか政治的に七割でなければならぬ証明法はないものか。米側に『陸奥《むつ》は未成艦として廃棄艦の中に入れてあったが、あれは完成して既に試運転もすんでいる』と説明したら、すぐ了解してくれた。そういう調子で、具体的に立証していかねばならぬ。観念論や兵術論を振り回しているだけではダメだ。妥協点は見出せない」

とさとされたこともある。

全権団の専門委員の一人として随行した故山梨勝之進大将は『遺芳録』の中でそう

記述したあと「加藤全権は明敏だから、わざと難問を出して、強硬論を緩和しようとの考えだったのであろう」と述べている。

こちらの手の内が、暗号解読で相手に全部つつ抜けでは、相撲にならない。

大正十一年（一九二二）の二月、ワシントン条約（海軍軍備制限条約）は成立し、日本海軍の主力艦（戦艦、巡洋戦艦）と航空母艦は、対米英六割の比率に甘んずることになる。いわゆる「六割海軍」時代の到来である。

建造中、というので、当初、廃棄艦の中に入れられていた「陸奥」と「赤城」は既に完成しているということで、あやうく難をのがれて生き残った。が、超戦艦「土《と》佐《さ》」は未完成のまま、海底行きとなる。

日本政府が主力艦の保有トン数比率「五・五・三」の受諾を決めたのは、前年十二月十日のことで、フランスとイタリアは米英各五に対し一・六七と決められた。

さらに航空母艦の保有トン数比率も同じで、一艦三万三千トン以下、巡洋艦以下の補助艦艇は一艦一万トンを超えない――という原則のみで妥結したが、潜水艦はフランスの強い反対で協定は成立しなかった。

そこでワシントン条約で決められた主力艦の比率を、巡洋艦以下の補助艦艇にも適用しようという米国の提唱で開かれたのが、昭和五年（一九三〇）のロンドン会議である。

この会議でも、日本海軍当局は「一万トン以上の甲巡（甲級巡洋艦）は対米七割」を主張したが、条約では六割（補助艦全体では六割九分）しか認められなかった。ただ、潜水艦だけは日米同数の五万二千トンと決められた。

いずれにしても、八八艦隊に向けて走り出していた日本海軍の主力艦保有トン数は、米英十割に対して六割に制限された。ワシントン条約は、「軍艦で国が沈む」と騒がれた財政的重圧から日本を救い出すことにはなったが、せめて対米七割はと願っていた日本海軍は容易ならぬ課題を背負うことになる。

ワシントンで、制限比率をめぐって日米全権の間でツバぜり合いが行なわれていたころ、海軍兵学校に入って間もない私達を含め、生徒全員を食堂に集めて話をした生徒隊監事・松崎中佐の次の言葉を覚えている。

「いま、ワシントンでは、六割になるか、七割になるかの瀬戸際の交渉が行なわれている。なぜ、わが海軍が七割を主張するかといえば、長い海軍戦史の中で、七割ならば勝った例はあるが、六割以下では勝ったためしはないからである」

その〝勝ったためしのない〟六割海軍に封じ込められた日本海軍は、永久に勝利の女神とは無縁なのか——いや、そんなことはない。トン数に制限はあっても、訓練に制限はない。「百発百中の砲一門は、百発一中の砲百門に対抗し得るはずだ」というわけだ。

事実、私が海軍に身を投じてから太平洋戦争が始まるまでの二十年間、月々火水木金々といわれたように、日本海軍の研究や訓練は、

「いかにして、六割をもって十割を打ち破るか」

という一点に絞られていた。

ワシントン会議には、三つの目的があった。一つは「海軍軍縮」——これは開会冒頭、米代表ヒューズ国務長官の〝爆弾動議〟の通り、日本海軍の主力を対米英六割の線に抑え込むことで、まず最大の目的を果たした。

もう一つの目的は、「日英同盟の破棄」である。これも四国協定の成立とともに消滅し、米国がかねてから気に病んでいた「日英合《がっ》して米国に当たる」心配もなくなった。

さて、最後の一つは何か。それは中国への日本進出阻止の問題である。ワシントン会議で議題にされた中国に関する問題には、①いわゆる二十一カ条問題②関税自主権問題③治外法権問題のほか、日中両当事国間の交渉となった「山東権益問題」があった。

これらの問題は、中国の門戸開放を重大な国策としていた米国と、大陸方面に多くの重要な権益を持っていた日本との間で、常にごたごたのタネになっていた。

当時の日本海軍は、国防方針で第一の仮想敵として米海軍を据えてはいたものの、米本土やハワイ等に対して、ツユほどの政治的野心も持ったことはない。また太平洋上の日付変更線を越えてまで、制海権を掌握しようという意図もなかった。

しかし、米国としてはその重大国策上、日本が大陸を自由に料理することには、どうにも我慢ができない——ということで、日本の中国に対する進出には常に神経をとがらせていた。米国自身の権益は西欧諸国に比べて、そんなに多くはなかった。が、兄弟国イギリスの権益は多大で、またフィリピンは米国の保護下にあった。

そうした観点から、もし日米戦争が起こるとすれば、その原因は東亜の方面、特に中国をめぐる問題にあると考えられていた。日米海軍の戦略態勢も、米海軍の西太平洋進攻、進攻してくる米海軍を迎え撃つ日本海軍——という形になっていた。

この戦略態勢は、両国艦船の性能をみれば、一目でわかる。米海軍の戦艦や航空母艦は、巡航速力で一万五千カイリ以上の航続力を持っていたのに対して、日本海軍のそれは七千カイリか、せいぜい一万カイリでしかなかった。

十対六の差は、海軍では決定的なものだ。猛訓練によってある程度の兵力量はカバーできても、その差を埋めることは容易なことではない。仮にわが方が百発百中（実際にはあり得ないが）の精度を得たとしても、敵が百発五十中の精度を持っておれば、十対七の場合でも第一回戦でわが方は五、敵は七を失い、残存勢力は三対二となる。そして第二回戦ではわが方はほとんど全滅し、敵はなお一を残すことになる。

このように計算上は十対七でも必敗、いわんや十対六では勝負にならぬはずだ。が、そこは孫子《そんし》のいう「近きを以て遠きを待ち、佚《いつ》を以て労を待ち、飽を以て餓を待つ。これ力を治むる者なり」の教えを体して、六割でも何とか道が開かれるだろうと、対米戦略の特徴ともいえる「漸減作戦」を、わが方は考え出した。

六割をもって、十割の敵をどうして打ち破るか——大挙して進攻してくる（であろう）米国艦隊を西太平洋、マリアナ以西の海面に捉えて、これを撃滅するという基本的な戦略構想の下に、日本海軍の兵力構成は進められた。

——保有トン数を対米六割に強いられた主力艦（戦艦、巡洋戦艦）の欠陥を補うために、補助部隊（巡洋艦、駆逐艦、潜水艦）の整備に重点を置き、個艦の戦闘力においては、必ずアメリカの同級のものより強力なるものを作るようにした。

——主力艦の主兵は大口径砲である。大口径砲はアメリカの六割である。何とかしてその足らざるものを補わなければならないが、それには魚雷が最も適当である。前項で「補助部隊に力を入れる」ことにしたのは、魚雷の攻撃力をさらに大きくするためである。日本海軍の魚雷は、性能およびその戦法、練度等において、世界で最も傑出したものであった。

——西太平洋海面で米艦隊を邀撃《ようげき》するにしても、敵がいつ、どこを通って、どの方面に現われるか、それを知らなければ、邀撃の仕様もない。日本海軍はこの目的のために、潜水艦を充当することにした。一般の水上艦艇は、米側のそれより航続力は小さかったが、日本海軍の大型潜水艦だけは、約二万カイリという大航続力を持っていた。昭和五年（一九三〇）のロンドン会議で、潜水艦の自主保有量を当初七万七千トン（注＝対米比率九六・二％）と強く主張（注＝最終的には米側と同数の五万二千トンで妥協）したのも、いつ、どこからやってくるかわからない米艦隊に対する監視、追《つい》蹤《じょう》、触接作戦を考えていたからである。

――約二万カイリの航続力を持つ大型潜水艦によって、米国西海岸あるいはハワイ方面の根拠地にある米艦隊を監視し、艦隊が出撃すれば、これに追蹤、触接するとともに、その動静を逐一わが方の諸部隊に報告通報し、わが軍をして有利な態勢で邀撃作戦を敢行させる。これが主任務であった。その間、好機があれば、魚雷攻撃を加えることも考えられたが、これは主任務ではなかった。

――ロンドン会議で補助艦艇の対米英比率は六割九分（甲級巡洋艦は六割）、潜水艦五万二千トンに決まった後は、補助艦隊の優勢に期待しようという構想もむずかしくなってきた。そうなると、いよいよ頼るべきものは、作戦の妙に加えるに訓練の精到、それに兵器の優越以外にはない。海軍における訓練は、極めて激しいものになっていた。

――幸い、ロンドン会議で制限内に入らなかった兵力が一つだけあった。基地航空兵力がそれである。日本海軍はこれに着目し、九六式陸攻、一式陸攻などの基地航空機の開発に着手した。この航空兵力が、やがて昭和十二年に始まる日中戦争当初の渡洋爆撃や大陸奥地の爆撃、また太平洋戦争の勃発に当たっては、マレー沖海戦で英極東艦隊の主力を一挙に撃滅することになる。

日本は「資源小国」である。この事実は、昔も今も変わらない。国内に資源らしい資源はほとんどなく、石油を始め鉄鉱石、生ゴム等の原材料はすべて海外からの供給にまつしかない。

優勢な米艦隊を西太平洋海面に邀撃するための兵力構成は前に紹介した。では、これらの兵力を駆使して、どのような作戦構想が考えられていたのか。

国内資源に乏しい日本にとって、海上交通路とくに太平洋西南の資源地帯との交通路は、絶対に確保しなければならない。

西進してくる米艦隊を途中で捕捉することができず、また捕捉することができても、これに壊滅的打撃を与え得ずして、フィリピン方面の根拠地に入ることを許したならば、お仕舞いである。

わが南西方面の各航路は、重大な脅威の下にさらされ、それだけで日本の死命は制せられる。日本海軍は、どうしても「一発勝負」で事を決めなければならない立場にあった。

一発勝負で事を決めようとすれば、六割をもって十割の米海軍と戦わねばならない。四割の不足は訓練で補うとしても、N2法則（数の多い方が勝つ）は冷厳である。

事実、日米開戦以前における諸情報の示すところでは、魚雷関係は確かに勝《すぐ》れていたが、決定戦力である主力艦主砲の性能や命中精度は、日米海軍とも似たり寄ったりであった。

大艦巨砲か航空主兵か

日露戦争（一九〇四〜〇五年）が終わって、連合艦隊を解散するとき、東郷平八郎司令長官が遺していったものに『連合艦隊解散の辞』というのがある。名文家で知られた秋山真之《さねゆき》参謀の作といわれるその『解散の辞』の中に、あとあとまで「海軍魂の神髄」として、六割海軍の精神的支柱にされたくだりがある。

——百発百中の砲一門よく百発一中の砲百門に対抗し得るを悟らば……

帝国海軍の軍人としては、これくらいの気構えは必要だろう。しかしその〝精神訓〟が、おおまじめにひとり歩きしたために、日本海軍の近代化は、ともすればないがしろにされた。これもまた事実である。

「東郷さんのいうことに間違いはない」

この一言は、東郷元帥存命中はもちろん、昭和九年（一九三四）に元帥が亡くなったあとも、またこの年の十二月、ワシントン海軍条約を日本が一方的に廃棄通告したあとも、海軍部内を長らく支配していた。

くどいようだが、陸上戦闘では有形兵力以外の要素（地形・要塞など）が大きく作用する。しかし、海上では数がモノをいう。百発百中の砲一門より百発一中の百門が勝つのである。

されぱこそ、古来、海上戦闘では優勢な艦隊が一〇〇％海上を支配し、劣勢な艦隊は相当程度の戦闘力を保有しながら、自国の軍港内に逼塞《ひっそく》したまま、白旗を掲げる例が多い。

失敗に終わったけれども、優勢な敵艦を向こうに回して、最後まで洋上決戦を挑んだのは、太平洋戦争における日本海軍くらいなものだ。

遠来の敵艦隊を近海で迎え撃つ日本海軍の戦略には、見事なお手本がある。日露戦争を勝利に導いた日本海海戦（一九〇五年五月）がそれだ。

極東の根拠地「浦塩《うらじお》」（ウラジオストック）へ、北海からはるばる来航してきたロシアのバルチック艦隊を対馬《つしま》海峡に邀して圧勝した。いわゆる「佚《いっ》を以て労を待つ」典型的な邀撃作戦の勝利だった。

日米の艦隊決戦にも、この原理を応用しようというわけだが、日本海海戦と西太平洋海面での日米決戦とでは、事情がまるきり違う。

バルチック艦隊は、前年十月中旬に本国の基地を出て、北海から欧阿大陸の西岸を回り、さらにアフリカ大陸の東岸を半周、インド洋を横断し、スマトラ海峡を通って南シナ海、東シナ海を縦断、実に二百二十日もかけてやってきた。

その間、十分に艦船を休めるだけの自国の基地はなく、さらに日本艦隊出現の幻影に絶えず脅《おび》えながらの長征であった。出発間もない北海で、漁船群を日本の駆逐艦と思い込んで激しく誤射したこともあるくらいで、艦艇の損耗、将兵の精神的疲労は、言語に絶していたに違いない。これを迎え撃った連合艦隊は、百戦練磨の「六六艦隊」であった。

それに比べると、米艦隊は太平洋の前進基地ハワイ・真珠湾軍港を持ち、進攻距離はわずか三千カイリ、艦船の損耗も将兵の疲労もバルチック艦隊とは比較にならない。ヘタをすると疲労困ぱいするのは〝六割海軍〟の方かもしれない。座して「敵の労を待つ」わけにはいかない日本海軍がとった新方策が、いわゆる漸減作戦である。

〈漸減作戦の基本方針〉

——先遣した潜水艦によって、進攻する米艦隊の動静を明らかにする。その途上、機会さえあれば、敵主力に魚雷攻撃を加え、その勢力を漸減する。

——西太平洋の予想決戦海面（マリアナ諸島以西）に近くなれば、わが艦隊の高速軽快部隊を前進させ、敵主力に夜間攻撃をかける。これは「前進部隊」と称して、高速戦艦（金剛《こんごう》級戦艦）部隊を中核に、甲巡、乙巡部隊と水雷部隊を付する。

——夜襲は概《おおむ》ね薄暮時に敵を包囲し、視界の減少に応じて敵との距離を縮め、そのまま魚雷攻撃に転じ、終夜これを反覆する。黎明《れいめい》時は急速に視界が増すので、早目に引き揚げないと、敵主力の砲撃にさらされ、ひどい目に会う。

——艦隊の最高指揮官は、主力部隊（戦艦が主体）を率い、適当な間をとりながら、夜襲の成果を十分検討し、翌朝、全力決戦をやるか、もう一晩、夜襲するかを決定する。

——決戦に決まれば、敵から離脱しつつある夜襲部隊を収容するために敵との距離を縮め、各部隊が勢揃《せいぞろ》いすれば、これを戦闘序列に占位せしめる。序列が概成すれば、主力部隊は逐次敵との距離を縮め、砲戦を開始し、最高指揮官は機をみて、全軍に突撃を命じ、一挙に勝敗を決する。

百年兵を養うは、この時のためである。

「強健なる身体」の持ち主といわれる人は多い。だが、海軍の場合のそれは、単に腕っぷしが強いとか、足が早いとか、そんな生やさしいものではない。

では、どういうのが、海軍でいう「強健なる身体」なのか。それは、いくら運動しても身体がなまらない、何日眠らなくても十分働ける、またどんな暑さ、寒さに対してもビクともしない——いわば超人的身体が要求されていた。

猛訓練によって、そうした練度の高い兵員を整備する一方、独創的な戦法として「漸減作戦」が練り上げられた。

柱は、潜水艦の強化と高速軽快部隊（前進部隊）による夜間攻撃などにあったが、なかでも「優速の重視」はその中心に据えられていた。

優速の重視——それは敵よりも速力の早い艦を持つことによって勝利を得た日露戦争中の黄海、日本海両海戦での教訓から生まれ、育てられた。

明治三十七年（一九〇四）八月十日。黄海海戦で旅順軍港を脱出、浦塩に向かったロシア艦隊に対して、わが東郷艦隊は反航態勢で戦闘を開始した。ところが、敵は決戦するつもりはなく、そのまますり抜けて、浦塩に逃げ込もうとした。これを逃がすと、大陸との海上輸送は、一段と脅威にさらされる。

そうはさせじと、反転して後を追ったが、その時はすでに敵艦隊と東郷艦隊との間には相当な距離が生じていた。幸いわが方の戦闘部隊に優速（といっても数ノット）ありで、敵弾雨飛の中を数時間にわたって追い詰めていき、ようやく敵艦と並頭して、決戦を強要することができた。

この黄海海戦の苦しい経験によって、日本海軍は①優速がいかに重要か。②同航戦でなければ敵に決戦を強要することはできない。この二大鉄則を知った。

明けて明治三十八年五月二十七日。日本海海戦で、東郷艦隊は遠来のバルチック艦隊を邀《よう》して、大胆にも「敵前回頭」を敢行した。これは前年の黄海海戦の教訓、つまり「同航戦でなければ決戦は強要できない」ことを生かし、さらに回頭後も常に敵の先頭を圧して、有利な戦闘態勢をとることができた。すべてこれ優速のお陰である。

その後の日本海軍は、不動の伝統的兵術として「同航決戦」思想の下、防御を二の次にした「優速の艦」を持つことに専念した。

たとえば、米海軍のウェストバージニア級戦艦（十六インチ砲八門搭載）の速力が二十〜二十一ノットなのに対して、同型艦の長門、陸奥は二十四ノットを出すことができた。他の主力艦も概ねこれに類していた。

だが、もともと戦艦を海上の主兵とする兵術思想に基づいたものだけに、いくら超人的な演習・訓練を重ねてみても、出てくる答えは同じである。「十対六」のハンディキャップはどうしようもない。完全に袋小路の中にあった。

「航空主兵論」が六割海軍の欠を補う兵術思想として、頭を大きくもたげ出したのは、まさにそのころである。

「航空主兵論」――これは大艦巨砲主義に根ざす戦艦主兵の考え方からすれば、全く別の基盤に立つ兵術論である。

ボクシングに例をとる。重量級と軽量級の選手がリング上で争うならば、一人や二人の場合は例外もあろう。だが、十人、二十人でやる対抗試合では、例外なく重量級が勝つに決まっている。つまり、六割海軍は十割海軍に対して〝勝算〟はない。

しかし、この両軍選手がリングの外に出て、日本刀やピストルで決闘することになれば、話は別になる。重量級の持つ優位性は全く失われるばかりでなく、図体が大きいことが却《かえ》ってマイナスとして作用することもある。

「十対六」のハンディを背負って、袋小路の中であえいでいた日本海軍が、その迷路から抜け出すことを目的とした新しい兵術論——それが「航空主兵」の考え方であった。

だからといって、こうした考え方がいきなり空中高く舞い上がっていったわけではない。列強の進歩的な兵学者達も、実績に裏付けされた戦艦中心の戦略思想の前に、ひたすら沈黙していた。そして一九三〇年代に至っても、なおこの問題に触れようとしなかった。

日本海軍が航空母艦を本格的に艦隊で使用し始めたのは、昭和三年（一九二八）である。赤城と鳳翔《ほうしょう》の空母二隻に駆逐隊一隊（四隻）をつけて第一航空戦隊を編制、これを第一艦隊に付属させた。といっても、全くの補助部隊で、しかも単にその一角を担うものでしかなかった。この用法は、昭和八年ごろまで続いた。

艦隊は、会敵するまで「警戒航行序列」の隊形で接敵する。航空母艦はその間、主力部隊のずっと後方にいて、そこから索敵機を出して敵状の把握に努めるほか、戦闘機を味方主力の上空に派遣して、敵機の襲撃から主力を掩護《えんご》する。敵主力が攻撃圏内に入ってくると、攻撃隊は全力を挙げて、敵主力を攻撃（爆撃、雷撃）することをつねとしていた。

敵艦隊との距離も詰まり、いよいよ決戦段階に入ると、主力部隊を軸とする戦闘隊形（戦闘序列）が組まれる。この段階になると、空母は非戦側（敵戦列の反対側）に占位して、攻撃機を全部雷撃機とし、敵主力に魚雷攻撃を加える。

一方、戦闘機はその一部をもって味方主力を敵機の攻撃から守るほか、残りをもって戦場上空の制空権を掌握することに努める。

それというのも、カタパルト（射出機）の発達に伴い、昭和四年ごろから戦艦、巡洋艦に水上機を搭載するようになったからだ。

巡洋艦の搭載機は索敵、触接、弾着観測など、多目的に使われたが、戦艦の搭載機は弾着観測が主たる任務であった。このため主砲の命中率は、画期的に上昇した。

日本海軍が戦闘機で決戦場上空の制空権を掌握しようとしたのは、味方の弾着観測機を守り、敵のそれを撃墜するためであった。

昭和八年ごろになると、日米海軍の兵術思想上の相違が、航空母艦に搭載する機種と機数分配の面にも、ハッキリと現われてきた。

ワシントン条約であやうく生き残った赤城、昭和三年完成の加賀、それに鳳翔、龍驤などの各空母が昭和八年ごろまでに相次いで就役していたころ、米海軍でもレキシントン、サラトガ、レンジャー、ラングレーなどが就役した。

日本は、六割海軍の欠陥を補助部隊の水雷攻撃等によって穴埋めしようとして、母艦に搭載する機種も、攻撃機に重点を置き、防御的な戦闘機は副次的に扱っていた。

米海軍の方は、すでに圧倒的な戦艦群を擁していた。何も苦労して敵の戦艦群を早くから攻撃する必要はない。味方の戦艦群を守り続け、無傷のまま日本海軍の主力にぶつければよい。N2法則（十対六なら十が勝つ）が働いて、勝利は転がり込んでくる――という寸法だ。

つまり、米海軍は会敵まで味方の戦艦や母艦を守り、いざ決戦となれば、戦場上空の制空権を獲得するために、戦闘機に重点を置いた機数の配分をやればよい。

用兵思想上のこの相違は、開戦直前の日米海軍の代表的母艦、翔鶴型とエンタープライズ型における次の搭載機種と機数をみれば、はっきりと示されている。（カッコ内はエンタープライズ）

翔鶴は戦闘機十八機（三十六機）、急降下爆撃機二十七機（十八機）、雷撃機二十七機（十八機）を搭載、敵主力に対する攻撃に重点を置き、戦闘機は半数にすぎなかった。

また米海軍では、昭和五年ごろから「超煙《ちようえん》射撃」という新戦法を考え出し、訓練を重ねていた。これは主力艦同士の砲戦となった時、彼我の中間（味方の戦列に近い方が有利）海面に飛行機で煙幕を張り、味方主力の姿を敵の目から隠す一方、上空から敵艦隊の位置と味方の弾着を観測して知らせる。

優勢な戦闘機をもって決戦上空の制空権を握れば、敵の弾着観測機の活動は封じられ、味方にだけそれを許すことが容易にできる。結果は、米艦隊のワンサイド・ゲーム。日本艦隊は目つぶしをくった格好で、なぶり殺しになりかねない。

その後、レーダーなどが出てきて、米海軍が考え出した「煙幕戦術」はさたやみとなった。が、当時は相当有力な新戦法として真剣に考えられ、猛烈に演練を重ねていた。日本海軍も、もちろんやった。

その過程で、戦艦を主体とした海戦においても、制空権を掌握しているかどうかが、勝敗を決めるカギになるとの考え方が、航空関係者を中心に芽生えていた。

海上における制空権をいかにして掌握するか、米海軍は、主として優勢な戦闘機にそれを依存しようとした。これに対して日本海軍は、緒戦における攻撃目標を戦艦から航空母艦に転換することによって、これを達成しようとした。敵の根拠地（空母）と飛行機を一挙に屠《ほふ》ることができるからである。

この種の考え方は、昭和七、八年ごろからすでに出ていた。

米海軍が、いつから主目標を航空母艦に変更したのか、それは明らかではない。が、少なくとも太平洋戦争が始まった後には、明白に「空母を攻撃目標とする」という兵術思想に固まっていた。

日米海軍の兵術思想をその進歩状況からみる限り、六割海軍を強いられた日本の方が、十割海軍を擁する米国よりも一歩先んじていた。

まず①主目標をいち早く航空母艦に変更したこと。②戦略単位（独立して戦略的術策を施し得る兵力単位）として第一航空艦隊（空母を中核とした艦隊）、第十一航空艦隊（基地の陸上攻撃機、戦闘機を中核とした艦隊）等を編制したこと。③母艦群を「分散配備」から「集中配備」に転換したことなど、兵術思想の上ではほとんどすべての点で進んでいた。

日本より一歩遅れてスタートした米国が、その膨大な国力と大規模を好む習性によって、日本より徹底したものを作り、これを活用し勝った。いわば、日本は知恵を貸してやって、その知恵を逆用されて負けたようなものである。

話を元に戻そう。航空母艦の攻撃に主目標を置くように兵術思想が変わってくると、敵母艦の先制撃破ということが、日本海軍の主要な研究課題になる。

昭和七、八年ごろから十六年末の日米開戦まで、海軍航空部隊は、この課題を軸として研究練磨を重ねていった。

由来、先制と集中は、戦勝の要訣《ようけつ》とされていた。航空部隊が空中だけで生存できるものなら、それでもよいだろう。しかし飛行機は戦闘こそ空中でやっても、その根拠地は地上や母艦にある。

地上や母艦で休止中の飛行機は、それがどのように優秀なものでも、これほど無力なものはない。なかでも航空母艦は、内部に燃えやすい飛行機をたくさん抱えている上に、最も重要な飛行甲板は脆弱《ぜいじゃく》そのもので、一発くらえば、たちまち発着不能に陥る。攻撃力こそすばらしいが、防御力はさっぱりダメという二面相を持つ存在である。

その航空母艦に対する攻撃は、何をおいてもまず先制攻撃でなければならない。集中攻撃は二の次である。

ところが、一度たたき込まれた兵術原則は、容易なことでは払拭《ふっしょく》されない。

昭和十年。横須賀航空隊の教頭、大西瀧治郎大佐の発案と主宰で行なわれていた兵術研究でも、主要項目の一つは、母艦は集中、分散のいずれをとるべきかであった。兵術家を自任する海軍大学出の教官が「兵力は集中して使用しなければ、効果はあがらない。集中配備で、先制攻撃をやらなければならない」と主張した時のことである。大西教頭は一喝して、こうたしなめた。

「お前達は、原則ばかりタテにとるが、もっと考えを広くしたらどうだ！　航空などというものはやね、先制の方が集中よりも遥かに重要なんだ。こんなことがわからないのか！」

昭和十年の暮れ、私は海軍大学校の甲種学生を命ぜられた。

戦闘機乗りの宮本武蔵たらんことを終生の望みとしていた私は、大学なんぞに入りたいと思っていなかった。その私をどやしつけ、目をさまさせてくれたのは、当時の横須賀航空隊教頭、大西大佐であった。

それより前、誰もが受けていた横空の高等科学生の試験すら受けようとしないで、霞ケ浦航空隊で操縦教官をやっていた私に、飛行隊長の千田中佐から呼び出しがかかった。

「君はどうして、横須賀航空隊の高等科学生を受けないのだ?」

「受ける必要はないと思うからです」

「いや、受けた方がよい。是非、受けたまえ!」

「横空の高等科学生は、いったい何を学ぶのですか?」

「それは君、わかりきったことではないか。戦略戦術の勉強だよ」

「ハァーそうですか。では聞きますが、大楠公《だいなんこう》や上杉謙信公などという人は、大用兵家ではありませんか?」

「そりゃあ君、もちろん大兵術家だよ。それがどうしたというんだ」

「大楠公や上杉謙信公は、横空の高等科学生を卒業していませんね」

「わかった、わかった、もうよろしい」

海軍大学の方もこの伝でいこうとした。が、今度は相手の方が、役者が何枚も上だった。

海軍大学こそ出ていないが、当時から実力派の戦略家として知る人ぞ知る大西教頭である。

「源田、貴様が研究会などで、よく文句をつけるように、海軍の航空政策で修正しなければならないことは、たくさんある。これをどんどん修正しなければ、海軍航空は進歩しないんだ。しかし、貴様のように、戦闘機にだけ乗っていい気になっていたのでは、航空政策の指導なんかやれるわけがない。おれが貴様に期待するのは、真に『高効率の軍備』をつくりあげてもらいたい、ということだ。それには、バカらしいようでも、一応、海軍大学に入り、将来、然《しか》るべきポストにつけるような基盤をつくって置かなきゃあいかん。どうだ、わかったかね」

もう〝降参〟するしかない。

海軍大学校では、各担当教官から出される課題に対する答申や計画の中から、選び出されたものをタタキ台にして研究や演習が行なわれる。教官が思い及ばない奇抜な意見が出ても、それが理論的に筋が通っておれば、尊重された。六割海軍で勝算を求めようとする努力の現われでもある。

上大崎の学校へ通い出して、約半年後の昭和十一年（一九三六）四月、「対米作戦遂行上、最良と思われる海軍軍備の方式に関して論述せよ」との対策課題が、戦略教官の近藤大佐から与えられた。

私の頭の中には、伝統的な戦艦主兵の考え方に対して、重大な疑問が渦巻いていた。六割海軍がいつまでも大艦巨砲主義にとらわれていていいのか。戦艦同士の対決などというのは、もう時代遅れではないのか。

答申（答案）用紙を前にして、私は沈思黙考した。

……アインシュタインが、相対律をいい出すまで、時空連続体という四次元の世界についての概念を人類は持っていなかった。同じように日本海軍の幹部のみならず、全世界の海軍将校達は、大艦巨砲を絶対視して、その虚空の上にあぐらをかいているようなものではないか。伝統はすでに幻想化しているのではないか。

……大艦巨砲（たとえば戦艦大和、武蔵の四十六センチ砲）は、敵の水上艦艇に対しては一撃必殺の威力を有するが、対象の異質な飛行機や潜水艦にも同じように使えるだろうか。使用できるとしても極めて効率の悪い、非経済的な兵器になる。

……日本がもし飛行機と潜水艦だけで海軍戦力を構成した場合、米海軍が誇りとし、日本海軍が頭痛の種にしている米海軍の主力艦十五隻は、何を目標に行動するのか。攻撃すべき目標がないということは、これら戦艦が太平洋上を自由自在に動き回り、必要な制海権を行使し得ることを意味しない。日本海軍の飛行機や潜水艦が好機をうかがって「好餌《こうじ》ご参《ざん》なれ」と待ちもうけているからだ。

……要するに、米海軍のトラの子（主力艦十五隻）は、日本海軍の飛行機や潜水艦に攻撃されるためにのみ、存在することになりはしないか。飛行機や潜水艦の戦艦に対する威力は、毎年行なわれている戦技や演習で、すでに立証済みではないか。だからといって、このような考えを対策課題の答申に盛って提出したらどうなるか。当時の海軍における一般常識からは遠く外れ、出題した戦略教官のお気に召さないばかりか、異端思想を抱くものとして、手ひどい批判を受けることは、まず間違いない。

その時、私を決心させたのはほかでもない。大西横空教頭が期待している「高効率の軍備」ということだ。

非難攻撃の標的になることを覚悟の上で、私は論旨次のような答申を一気に書き上げた。

「海軍軍備は、その中核を基地航空部隊と母艦群航空部隊に置き、潜水艦部隊をしてこれを支援せしむる構想により、海軍軍備を再編成し、これら部隊の戦力発揮に必要な駆逐艦、巡洋艦等の補助艦艇は、必要最小限度を保有するも、戦艦、高速戦艦等の現有主力艦は、スクラップにするか、さもなくば繋留《けいりゅう》して、桟橋の代用にすべし」

昭和十一年四月に提出したこの答申は、作業課題の研究会で、果然、大問題になった。

特に当時海軍の主流を占めていた砲術、水雷に対して正面から挑戦するものだっただけに、その反撃も猛烈を極めたが、航海、通信等からも、また友軍たるべき航空陣営からも反対の火の粉は飛んできた。

「源田君、この案はいったい何年後を目標にしているのですか。五十年後ですか、百年後ですか?」

とひやかし半分に批判するのはまだいい方で、なかにはひどいことをいうのもいた。

「源田少佐は、頭が少しヘンになったのではないか」

対米作戦遂行上、最良の軍備方式に関する対策課題について、

①海軍軍備の中核を基地航空部隊と母艦航空部隊とし、潜水艦部隊をしてこれを支

援せしむる。②これら部隊の戦闘力を有効に発揮し、かつまた敵の奇襲兵力による攻撃を阻止するため、必要最小限の補助部隊として、若干の巡洋艦、駆逐艦等を保有する。③現有主力艦（戦艦、高速戦艦等）はスクラップするか、桟橋の代用にせよ——と主張したのは、何も奇をてらってのことではない。

私達、海軍大学の甲種学生が実施する図上演習や兵棋演習でも、航空部隊のあげる戦果は大きく、その威力は十分立証されていた。

非難攻撃の矢面に立たされた私は、

「図上演習や兵棋演習の審判標準は、戦技の成績を基礎として作製せられたものであり、信用して然るべきものである。机上の演習だからといって、その成果を全然度外視するのなら、何を好んで毎日毎日、机上演習をやるのか。その訳をうけたまわろう」

と〝孤軍奮闘〟していた。

ちょうどそのころ、航空本部入りしていた大西瀧治郎大佐（教育部長）、横須賀航空隊では戦術教官の三和義勇少佐、艦隊では小園《おぞの》安名《やすな》少佐らが、戦艦無用論をひっさげて、立ち上がっていた。

お互い何らの事前連絡もなかったのだが、図らずもほぼ時を同じくして「航空主兵論」が噴き出した。なかで最も理論的、実際的にその論旨を推し進めていったのは、航空本部教育部長の大西大佐であった。

その大西大佐の肝煎《きもい》りで、効率的な軍備形態はどうすればよいか——という課題の下に研究会が東京・水交社《すいこうしゃ》で開かれた。昭和十二年早々のことである。が、航空関係の主もとより軍令軍政の責任ある機関が主催したものではなかった。要人物、その他有力者も参会し、一少佐だった私も末席にいた。会は終始、大西大佐の研究披露の感があった。単なる論議のための抽象的な論陣ではなく、数学的な解析に基づいて、理路整然とした「航空主兵」の優位性を説き来って、参会者にしびれるような感銘を与えた。

この研究会を契機として、海軍部内の「航空主兵、戦艦無用論」は大西大佐を旗頭に、ようやく増大していく気配をみせていた。

だが、時あたかも、日本海軍は超大戦艦大和、武蔵の建造を決断した時期でもあった。海軍当局は、この航空主兵論の源泉ともなっていた「私的研究会」の続行に待ったをかけた。

といっても、やめるように弾圧して事なきを願ったわけではなかった。十二年六月にはそれに代わる公的な空中兵力威力研究会（空威研究会）を組織し、航空部隊の持っている戦力がいかなるものか、近い将来、常用が予想される各種航空機（特に大型機）の威力について、理論と実験との両面から徹底的に究明する方策をとった。

この空威研究会のあげた業績は大きかった。後年、私達が真珠湾攻撃を立案するに当たって、魚雷や爆弾の威力算定はどうしたか。それは、主として空威研によって得た資料に基づくものであった。

空威研究会は、すべて理論と実験の両面から結論を導き出していた。

たとえば茨城県鹿島の実験場に、米戦艦の装甲を模した綱板をドイツから取り寄せて、爆弾の貫徹力や破壊力を調べたり、雷撃、射撃、偵察、通信等についても、ほぼ同様の方法で実機実的を使い、机上の研究だけではなかった。

昭和十六年十月中旬、すでに各母艦の飛行隊長以上は、ハワイ作戦の企図あることを知っていたので、訓練は猛烈を極めていた。

そのころ、水平爆撃の高度を三千メートルにするか、四千メートルにするかで、意見の対立があった。淵田中佐ら爆撃隊の指揮官は、爆弾が米戦艦の水平甲板を貫徹して、艦の内臓部で炸裂しないと効果が薄いので、高度四千メートルで爆撃すべく訓練を進めていた。

これに対して爆撃照準手の一群は、高度四千メートルでは、自信をもって所期の命中率を確保することはできない。自信の持てる三千メートルに下げるように強く希望していた。

私が要務のため鹿児島基地に行った時も、淵田中佐は隊員を集めて、こう訓示していた。

「お前達は、三千メートルを主張しているが、兵術的理由からして、どうしても四千メートルでやらなければならないのだ。四千メートルで所要の命中率を得るように努力しろ！」

三千メートルと四千メートルとでは、命中率が少なくとも五パーセントは違ってくる。米戦艦の装甲を貫徹する限りでは、低い方がよいに決まっている。問題は、その高度の限界を知ることが先決である。

そこで、艦隊司令部の吉岡参謀に東京まで出向いてもらった。空威研究会の実験結果を調べるためである。

吉岡参謀から吉報が届いた。

——米戦艦・空母に対し、八百キロ徹甲爆弾で攻撃した場合、ノースカロライナ型の新戦艦は、高度四千メートルでも装甲を貫徹することができないが、コロラド型以下の旧式戦艦および航空母艦のすべては、三千メートルで十分に貫徹することが判明した、というのだ。

当時、新型戦艦はまだ就役していなかったので、目標は旧式戦艦以下、高度は三千メートルでよい。この実験結果は貴重であった。

まだある。艦上攻撃機が携行する魚雷は、八百キロ魚雷で、炸薬量は二百キロだ。巡洋艦や駆逐艦のものに比べると炸薬量が半分以下なので、効果も小さいと思われていた。

ところが、空威研で検討の結果、新型戦艦といえども、命中三発で落伍《らくご》、数発なら沈没、旧式戦艦や航空母艦なら命中二発で落伍、数発で沈没することもわかった。

したがって、当時、雷撃に充当しようとしていた攻撃機は四十機で、発射前に不幸にしてその半数を失ったとしても、なおかつ四、五隻の戦艦、空母を雷撃し、これを撃沈し得るとの確算が立つに至ったのである。

「戦艦無用・航空主兵」の論は、開戦までに実を結ぶことはなかった。しかし、その論議が、空威研究会を発足させて航空兵力の威力算定、さらには軍備・用兵計画等の上に、少なからぬ影響を及ぼしたことは、せめてものことというほかはない。

空母の集中配備

話は、海軍大学時代に戻る。

昭和十年（一九三五）ごろまでの連合艦隊には、わずか二隻の航空母艦（赤城、鳳翔）しか配属されておらず、母艦の分散とか集中とかいってみたところで、それを実際の演習で試みることはできなかった。

海軍大学での図上演習では、毎回のように「母艦の配備」に関するものがあり、結論は「分散を可とする」との意見が圧倒的だった。

図上演習では、まず日本軍が敵母艦に対する先制攻撃を企図して母艦の分散配備をとれば、米軍の方も同じく分散する。すると、演習の勝敗は十対六の比率がそのまま作用する。

だから、分散配備をしたからといって、それで十対六の兵力差をひっくり返せるものではない。しかしこれをやらなければ、比率はさらに悪くなって、十対四とか、十対三とかになることを覚悟しなければならない状況にあった。

そんなわけで、私が海軍大学校にいた昭和十一年から十二年ごろは、航空母艦の分散配備が一応定着したかにみえていた。

ところが、中国大陸での戦火拡大は、それに大きな変化をもたらした。

大陸での航空戦は、近代航空戦における貴重な教訓を多く残した。なかでも重要なものの一つは、

「厳重な敵戦闘機隊および対空砲火の反撃を排除して、よく攻撃の効果をあげるためには、強力な掩護戦闘機を随伴せしむるとともに、攻撃隊は極力、大兵力の集中使用によらなければならない」

ということであった。

陸戦と海戦が性質を異にしているように、陸上航空戦と海上航空戦とでは、若干違ってはいる。しかし、大兵力の集中使用の効果については、両者間に差異はない。

決定的な違いは、基地の抵抗力にある。陸上基地はいくらたたいても、基地そのものを抹殺することはできない。これに対して海上の基地たる航空母艦は、損害が大き

ければ、基地そのものが海底の藻屑《もくず》となる。

効果的な攻撃の成果は、到底、陸上航空戦などの及ぶところではない。

昭和十四、十五年度の海軍航空隊の主要訓練研究項目の中に、大編隊群の空中戦闘法（戦闘機）と大編隊群の同時協同攻撃（攻撃隊）があった。

特に後者については①水平爆撃隊が高度三千〜四千メートルから目標に対して爆撃を実施する。②急降下爆撃隊（海軍では艦爆隊）も三千メートル以上から五十度ないし七十度位の急降下で接敵し、五百メートル付近で爆弾を投下する。③これに策応して雷撃隊が突撃し、魚雷攻撃を加える。

さらに、④掩護戦闘機隊は、これら各攻撃隊を阻止しようとする敵の戦闘機を撃攘《げきじょう》するとともに、余裕があれば敵の艦橋や甲板に機銃掃射の目つぶしを加える——というものだ。

連合艦隊は実兵力を使って研究の結果、海軍一般の意見として、攻撃はどうしても「大編隊群の同時協同攻撃」でなければならないことになっていた。

そのころ、私は空爆下のロンドンにいた。

昭和十三年の十一月末、私は英国在勤帝国大使館付武官補佐官兼航空本部造兵監督官という、長ったらしい肩書のついた部署に配置を命ぜられた。

その時、私は横須賀海軍航空隊にいた。昭和十四年度の艦隊研究項目に①大編隊群の協同攻撃法②大編隊群の空中戦闘法の二つを提示して、その解決に全精力を傾けようとしていた矢先だった。

「今ごろ、イギリスなんぞに行ってはおれない」

と思ったが、上命とあれば仕方がない。十四年の一月、日本を出発して三月初めロンドンに着いた。

当時の日英関係は極めて悪く、空軍や海軍関係の部隊視察などは、ほとんどできなかった。すべてレシプロカル（見返り）が条件なので、日本で何か在日英国武官に見せれば、在英日本武官はそれに相当するものを見学できる。だが、準戦時体制下の日本では外国、ことに非友好国たる英米の武官などには何も見せないので、私達が英国で何も見ることができなかったのは当然だった。

私が最も知りたかったのは、英空軍の実力である。これも関係部隊を余程念入りに視察して初めて可能なことで、所詮は私の力の圏外にあった。

ただ一つ、私がつかみ得たことは、英空軍の戦闘機の空戦能力である。

これはロンドン郊外をドライブしたり、ゴルフなどやっていると、付近の飛行場から飛び立った戦闘機が、空中戦闘訓練をやっているのを見かけることがある。それを一目みれば、パイロットがどの程度の腕前なのか、およそ見当がつく。一つの訓練だけを見て、英空軍の実力を類推することは危険だが、そんな訓練をたびたび見ていると、見当外れということはない。

それに英空軍の使用するスピットファイヤー、ハリケーンなど戦闘機の武装や翼の型式等を見れば、これらの戦闘機が主目標として何を選んでいるかも推定できる。

ロンドンに着いてから半年後に、第二次欧州大戦が勃発した。ドイツ軍機甲部隊の電撃作戦で、ポーランド制圧が終わったあと、しばらくの間、激戦はなかった。

一九四〇年（昭和十五年）五月十日、ドイツ軍がオランダ、ベルギー、ルクセンブルクの国境を越えて、西方へ、パリに向かって進撃を開始するや、いよいよ本格的な戦争に発展していった。そして同年八月八日、ドイツ空軍による英国本土の爆撃が始まるに及んで、これを見聞する機会を得た。

英独両空軍の空中戦闘の成果は、その戦果によって、だいたい推定することができた。私の総合判断では、英空軍の戦闘機隊の実力は日本海軍よりも相当低いものであり、ドイツ空軍の戦闘機隊は、その英空軍よりもさらに低いものである――との結論に達した。

この英空軍に対する評価は、独善的ではないかとの批判もあったが、私は私なりに自信を持っていた。

太平洋戦争の緒戦で、マレーやビルマ方面あるいは印度洋における日本海軍航空部隊の戦果は、それを立証してくれた。

在英約二年――私が帰朝命令を受けてロンドンを去ったのは、昭和十五年九月初めのことで、フランスは降伏、イタリアは参戦、孤立状態の英本土に対するドイツ軍の空襲が本格化しようとしていた。

余談になるが、私は英国在勤中に、英国人の土性骨《どしようぼね》をみた。

日本海軍はその創建期に範を英海軍にとった。東郷平八郎元帥は、英国海軍兵学校の予備校で、浮かぶ商船学校といわれた「ウースター号」で学んだことがあったし、日本海軍における行事、風習、用語等も英国風をそのまま移した面が多く、兵術思想もまた然りであった。

その因縁浅からぬ英帝国にとって、最悪の日といわれた「ダンケルクの夜」——私はロンドン市内を歩き、食堂やバーにも寄ってみた。

一九四〇年夏、ドイツ軍に敗れた英仏連合軍が、フランスの最北端、ドーヴァー海峡に臨む港町・ダンケルクから、ほうほうの体《てい》で英本土へ逃げ帰ってきた直後のことである。

さすがに沈痛な表情をした人が多かった。しかし失望落胆して、虚脱状態に陥っている様子はなかった。数人の人に所感を聞くと、

「英国は九十九回まで負けるが、最後の一戦で必ず決定的な勝利を握るのだ。歴史はこれを証明している」

という答えが、異口同音に返ってきた。

私は、その答えを冷やかに受け取って、〝ひかれものの小唄〟くらいにしか考えていなかった。

ところが、ほどなくしてそれが本物であることを知った。磁気機雷の一件である。

日本もそうだが、四囲を海でかこまれた英国は海上交通が生命線である。そこへドイツ軍は新型の磁気機雷をどんどん敷設して、息の根をとめようとした。英国側の接

雷被害は、次第に増大していった。

なんとしても、その磁気機雷の秘密を探知して対策を講じなければならないのだが、この機雷、分解して調べようとすると爆発して、手がつけられない。そこで英海軍の水雷関係者は次の計画をたてて、即時実行に移した。

一定数の人を選定して、順序に従って一人ずつ機雷の分解に当たる。つまり一人だけ機雷に近づいて作業し、他の人々は、爆発しても大丈夫なところで記録をとる。

分解に当たる最初の一人が、

「どこどこのボルトを、どのようにして外した」

「どこの覆いをどう取った」

「次は、何をどうする」

という具合に、逐一報告しながら作業を進めていく。

この方法でいけば、完全に分解するまでに必ず一度は爆発する。すれば、もとより分解に当たっている人は、木《こ》っ葉《ぱ》微塵《みじん》となって死ぬことになる。が、危険な部分は一カ所確認される。次はその場所に触れないで、分解を進める。

こうして英海軍は、ドイツが誇る磁気機雷の秘密を握った。あとは全英国船舶に、避雷対策を施すだけである。わずか二カ月間に、その磁気機雷対策は完了した。

私はこの一連の出来事の中に、英国民の土性骨をかいま見る思いがした。

ドイツ空軍が、欧州大陸で短期間のうちに驚異的な戦果をかち得たのは、圧倒的な航空兵力を同時に集中使用した結果である。

その優勢なドイツ空軍が、英国本土の爆撃をずいぶんとやったにもかかわらず、ついに英本土上空の制空権は獲得できなかった。最大の原因は、ドイツ空軍の戦闘機が英空軍の戦闘機を制圧できなかったことにある。

この欧州大陸での戦訓は、中国大陸でのそれと期せずして同じ方向を指していた。日本海軍が有力な航空部隊を善用して、制空権掌握の下に有利な洋上決戦をやろうとするならば、大編隊群の同時協同攻撃法をさらに研究し、確信を持っていなければならない。

金鵄《きんし》輝やく……と歌われた紀元二六〇〇年。これにちなんだ「ゼロ戦」が制式海軍戦闘機に採用されたこの年（昭和十五年）の十月初め、私は空爆下のロンドンから横浜港に帰着した。

そして、十一月一日の定期異動までの間、

——源田君の話を聞いていると、英国が勝つようなことになるなあ……。

といわれるような「帰朝報告」を海軍省や軍令部等でやりながら、新しい任務に関する考えをまとめることに精を出していた。

当時、連合艦隊は昭和十六年度の重要研究項目に「母艦群の統一指揮」を内定していた。十一月の定期異動で第一航空戦隊参謀に発令されることになっていた私には、新編制の航空戦隊先任司令官である第一航空戦隊司令官、つまり母艦群の統一指揮の責任者となる司令官の幕僚という、新任務が待っていた。

ところが、大編隊群の集中用法に関して、重大な障害のあることがわかった。横須賀航空隊で研究訓練関係を担当していた級友の薗川《そのかわ》亀郎少佐から、私はそれを知らされた。

同少佐が話してくれた、重大な障害とは何か?

——攻撃隊の攻撃が「大編隊群の同時攻撃でなければならない」ということは、十四年度、十五年度の研究飛行（特定目的のために特に計画実施される飛行演習）の結果、明白なる事実となった。関係者のだれもが「攻撃はこれでなければならない」と思うようになった。

——ところが、ここに大きな問題がある。それは「百機以上の大飛行機隊をどのようにして洋上の一点に集合せしめるか」ということだ。

——母艦は分散配備を有利とする立場から、敵の一索敵機によって発見されるわが母艦は、一隻にとどめなければならない。そのためには母艦間の距離は、少なくとも百カイリは必要だ。百カイリも離れたところから発進する各母艦の飛行機を、進撃途上の一点に、しかも同時に集合させねばならない。

——海面に固定目標はない。母艦も飛行機隊も、電波を輻射《ふくしゃ》するわけにはいかない。電波誘導ならば集合も簡単だが、そんなことをすれば、わが方の企図は忽《たちま》ち敵にわかってしまう。夜討ちをかけるのに、提灯《ちょうちん》に火をともして近寄るようなものだ。

薗川少佐は「この問題が十六年度の艦隊で解決してもらわなければならない重要課題だ」と述べたあと、私をギクリとさせる話が出た。

薗川少佐の話には、私をギクリとさせたもう一つの研究課題があった。それは、「わが海軍航空隊の夜間雷撃能力は、今でも母艦部隊で五〇～六〇％の命中率を期待し得る。しかし、これには一種の八百長がある。目標隊の速力や回避行動には何らの制限はないのだが、危険を考慮して、照射に制限を加えているからだ。この問題を解決して、どんな照射を受けても、発射ができるようにしなければ、夜間雷撃は解決したとはいえない」

というのである。

艦隊の上層部が、雷撃隊に対する「無制限照射」をなぜ禁止していたのか。計器も計器飛行も、十分に発達していなかった当時、暗夜の海上で超低空の雷撃行動をとることは、全く命がけの訓練である。それでも搭乗員達は「先輩の屍《かばね》を越えて」取り組んでいた。しかし、これにも限界がある。

そうでなくても困難な夜間雷撃の際に、戦艦や巡洋艦などから、数万燭光《しょっこう》にも及ぶ探照灯数十本でもって、むやみに照射されたのでは、いくら練達のパイロットでも、眩惑作用のために操縦を誤るかもしれない。

このことで、私は苦い経験を持っている。忘れもしない昭和十三年九月のことである。

大陸作戦に従事していた私は、同年一月末、横須賀航空隊の飛行隊長に任命された。

部下には、華中方面で抜群の手柄をたて、特別進級した古賀清登一等航空兵曹がいた。彼は当時、敵機十三機を撃墜していて、海軍航空のエースといわれ、戦闘振りも水際立っていた。

まれにみるこの空中戦士を失ったのは、横須賀鎮守府の秋期防空演習に参加した時である。第一夜は隊長代理として、ピカ一の古賀航空兵曹長を編隊長として出した。私が横空の飛行隊長になってから、特に力を入れたのは夜間空戦能力の向上である。訓練年度の終わりに近い九月ごろには、横空戦闘機搭乗員の力量は相当高い水準に達していた。

対攻撃機との戦闘は、探照灯の援助があれば結構だが、それがなくても敵機の排気炎をたよりに、側方、下方からの攻撃をやり、戦闘機同士の戦闘では、トモエ戦がやれるまでになっていた。なかでも、技量抜群の古賀空曹長が過失をおかすであろうなどとは、夢にも思っていなかった。

古賀編隊長機は、列機二機を引き連れて、横須賀軍港の上空掩護のため、離陸していった。やがて所定の高度に達して、哨戒飛行に移った。

ところが、地上の対空部隊は、古賀編隊を目標機と誤認したのか、同編隊を一斉に照射し始めた。

探照灯の数は十数条、光芒《こうぼう》は彼の編隊を中心に交叉《こうさ》した。地上でこれを見ていた私達は、

「あんなことをしたんでは、目標機が見えなくなるではないか」

と話し合っていた。

その時だった。私達の耳に、夜空を引き裂くような急降下の爆音が響いてきた。

横須賀軍港上空——防空演習中の夜空を裂く急降下の爆音を聞いた私は、

「はあ、古賀編隊は今、目標機を捉えて攻撃をかけたのかな」

と思った。

ところが、意外にもこの急降下爆音は、空中戦のエース・古賀清登空曹長が現世に残した「訣別《けつべつ》の叫び」であった。

しばらくして着陸した飛行機は、列機の二機のみで、古賀編隊長機は遂に秋の夜空から帰ってこなかった。

「彼は地上の灯火、あるいは何らかの影を目標機と誤認して、突進したのではあるまいか」

というのが、事故調査の結論であった。

急降下の途中まで追躡《ついじょう》していた列機二機は、編隊長機の行動があまりにも変なので、途中で引き返した。そのため、あやうく難を免れた。

「彼ほどの達人でさえ、夜間探照灯に照射されると、操縦を誤るではないか」

という論が出て、航空の真価を下算したり、あるいは搭乗員が引っ込み思案になることを恐れた私は、翌日の夜、同一の条件を再現してもらって、一人で飛行機に乗り、十数条の光芒の中を数回往復し、

「戦闘機といえども、探照灯の光芒によって、操縦を誤ることはない」

ことを実地に立証してみせた。

人生は、その気になれば失敗してもやり直しがきく。だが、飛行機の操縦だけは、失敗したらお仕舞いである。

古賀空曹長ほどの練達者でも、ちょっとしたことから致命的な錯誤をおかすことになる。艦隊の指導者が、夜間の雷撃訓練に探照灯の無制限照射を禁止していたのも、無理はない。

しかし、相手が米艦隊ともなると、手加減はしてくれない。それどころか、こちら

の弱点を知れば、そこをついてくると思わなければならない。

いずれにしても、昭和十六年度の連合艦隊では「母艦群の統一指揮」が重要な研究項目となっている。その統一指揮官には、第一航空戦隊司令官があてられるはずだし、私がその司令官の幕僚に予定されている。このことを知った時、ロンドンから帰朝したばかりの私は、

「これは、自分に課せられた大きな使命である」

ことを自覚した。そして早急に解決しなければならない二つの重要課題のうち、

「探照灯の無制限照射を突破する道は、入念な研究・訓練の積み重ねによって、なんとか解決できるだろう」

との見当をつけた。

だが問題は、百機以上もの大飛行機編隊を「いかにして洋上の一点に集合せしめるか」にあった。

第一航空戦隊が編制されるまでの二十日間余り、東京・水交社にこもって考え続けた。しかし、これといった名案は、浮かんでこなかった。

当たり前である。そんなに簡単にできるものなら、とっくの昔に誰かが妙案を考え

出していただろう。

大飛行編隊の洋上集合。つまり、百機以上の飛行機隊を広大な海上の一点に、しかも同時に集合せしめる方法はないか。

私はこの命題と取り組んで、苦悩の日を重ねた。が、名案は浮かばない。

ヘタの考え休むに似たり――エイ、町の空気でも吸ってくるか。ある日、宿舎の東京・水交社をぶらり出た。

町は、この秋、宮城（皇居）前で開かれる「紀元二千六百年記念式典」の前触れか、何となくざわついていた。

行くあてもないまま、場末の映画館に入ってみたら、ちょうどニュース映画をやっていた。

そのうちに米海軍の空母、レキシントン、サラトガ、エンタープライズなど四隻の航空母艦が、単縦陣で航行していく場面が出た。

「ほう、アメリカは変わったことをやるところだなあ、航空母艦を戦艦のように扱っているぞ」

と私は軽くそう思った。

当時、日本では「空母は分散すべきもの」として、空母が単縦陣をとって航行することなど、出入港以外には考えられないことであった。それもせいぜい二隻どまりである。

それなのに、米空母は四隻で単縦陣をとっている。何かの都合で（ニュース映画に撮って、米海軍の偉容を誇示するためのデモンストレーション？）こういう陣形をとったのであろうが、まさかこの陣形のままで、飛行機の発着をやるわけではなかろう。

その場は、そんなことですんだ。そして数日後のことだ。

浜松町付近で、市電から降りようとして、片足が地面に着いた途端、ハッと思いつくことがあった。

「何だ、母艦を一カ所に集めれば、いいじゃないか」

「そうすりゃあ、空中集合など問題ではない」

「分散配備という、固定概念にとりつかれていたからいけなかったんだ」

私を降ろして去っていく市電の車輪までもが、そうだ、そうだと言っているように聞こえた。

何気なく見たニュース映画の中に出てきたアメリカ空母群の単縦陣がヒントであった。

それから数日後、私は東京を離れて新任務についたが、その間、この新しい兵術思想について、私なりの検討を加えた。

まず、この「集中配備」は兵術の原則に反するようなことはないか——ということだ。

これは両面ある。一つは籠《かご》の中に多くの卵を詰め込む危険があるので、それを一応覚悟しておかねばならない。しかし、その半面、「その来らざるをたのむなかれ、わがもって、待つあるをたのめ」と孫子は説いている。

これまで考えられてきた分散配備とは「来らざるをたのむ」ことであり、集中配備とは、まさに「待つあるをたのむ」ことではないか。

私は古代中国の兵書「孫子」の兵理に照らして、誤りない。私は自信をもって、集中配備の考え方をまとめていった。

——飛行機隊の空中集合は、各母艦が視界内にいるので、いくら大編隊であろうと、問題はない。要は、編隊の集合を最短時間に完了するようにするため、各編隊指揮官のリードの上手、下手にある。

——母艦の索敵機なり、陸上基地の索敵機なり、あるいは潜水艦などが、敵の母艦を、わが母艦搭載機の攻撃圏内に捉えたとしても、すでに分散しているわが母艦群は、少なくとも百カイリ以上は離れているだろう。

——そうなれば、手旗信号や発光信号などで、発進命令や攻撃目標、あるいは進撃針路などを麾下の母艦に知らせることはできない。どうしても、電波の輻射を余儀なくされる。ほんのちょっとでも、電波を輻射すれば、鋭敏なアメリカの探知網によって、わが母艦の位置はもちろん、各母艦の区別や配備までさとられ、攻撃機の機数、来襲方向、来襲時刻まで、察知されることになりかねない。

——これが、母艦を集中配備するとなれば、一切の視覚信号で処理することができるから、わが部隊が敵に発見されない限り、先制奇襲を加え得る利点がある。

——集中配備の最大の欠陥は、敵に発見されたとき、全母艦がいっぺんにその位置を露呈することになるほか、敵襲によって、全母艦が一斉にその戦闘力を失うことである。

この「集中配備」についての考え方に対して、従来通り「分散配備」を可とする向きから異議が出た場合は、私はこう答えようと考えていた。

——分散配備の場合は、わが方は単艦であり、上空掩護の戦闘機も少なく、また対空砲火も微弱である。自分の力に自信がないから、その行動はえてして消極的となるだろう。

——逆に、集中配備の場合は、どうであろうか。もし赤城型、蒼龍型各二隻で集中配備をとるならば、搭載戦闘機各艦十八機のうち、半数を攻撃隊掩護のために残すとしても、三十六機の直衛機を有することになり、さらに翔鶴型二隻を加えるならば、五十四機もの直衛機を上空に配することができる。

——対空砲火にしても、周囲に配する巡洋艦、駆逐艦等を合算すれば、百～二百門の高角砲と三百門以上の四十ミリ機銃をもって、厳重な防御火網を構成することになり、敵機もこの強力な対空防御を突破して、有効な攻撃を行なうことは、極めて困難であろう。

(注) ミッドウエー海戦での米雷撃隊は五十機の大編隊だったが、ほとんど撃墜され、一本の魚雷も命中せず、またマリアナ海戦では米空母群に対するわが母艦飛行機の攻撃も、味方の損害のみ多くして、一隻の空母も撃沈できなかった。

十一月一日——昭和十五年も海軍省はこの日に恒例の定期大異動を発表した。新しい人事構成を確定して、十二月から始まる教育訓練年度を迎えるためである。十六年度の連合艦隊最大の研究課題は「母艦群の統一指揮」であり、母艦部隊のそれは「被照射中の雷撃法」であった。

「君は今度、第一航空戦隊の参謀に予定されている」

とイギリスから帰ってきた私を横浜の埠頭《ふとう》に出迎えてくれた上に、故国の土を踏む前の私の耳元でささやいてくれた人がいる。兵学校は一期上の五十一期で、同じ航空畑の平本道隆中佐であった。

また、その時、

「来年度（十六年度）の艦隊では、母艦群の統一指揮が重要な研究項目になっている。その統一指揮官には、第一航空戦隊司令官があてられるはずだ」

という話もしてくれた。

平本中佐から聞かされていた通り、私は航空戦隊の先任司令官であり、航空母艦群の統一指揮において、当の責任者であるその司令官の幕僚に発令された。

このことあるを予知して、発令までの間に①母艦群をいかに統一指揮していくか。②その配備はどうするか。③空中攻撃隊の編制はどうするか。④十六年度の艦隊演習では、どのような訓練を実施するか、また何を優先的に研究するか――これらの点について、私なりの腹案を持っていた。

そして十一月一日、横須賀に在泊中の第一航空戦隊旗艦「赤城」の舷梯《げんてい》を上がっていった。が、旬日にして旗艦は変更となり、佐世保にいた「加賀」へ移った。

イギリスから帰国後、一カ月足らずで練り上げた航空部隊の用兵、あるいは研究・訓練方針や計画等が、日の目をみるかどうかは、司令官がそれを採用するかどうかである。

幸か、不幸か、私の立案したほとんど全部が、やがて第一航空戦隊司令官の戸塚道太郎少将、第一航空艦隊司令長官の南雲忠一中将（のちの機動部隊最高指揮官）の採用するところとなった。それがのちに、真珠湾攻撃作戦やミッドウエー作戦などに重大なかかわりあいを持つことになろうとは、神ならぬ身の知る由もなかった。

私が着任した旗艦「加賀」の艦攻隊や戦闘機隊には、竹内定一大尉、鈴木三守中尉などという命知らずの猛者《もさ》がいて、従来の八百長的な夜間雷撃から、実戦的な雷撃法を確立すべく、猛訓練を続けていた。

宮崎県延岡市にあるベンベルグ工業(旭化成)に依頼して、各種の光芒遮蔽ガラスで実験を進め、当初は短時間の照射で中止、光芒数も二、三本だったが、年度も後半期に入ると、無制限照射もなんのその、加賀攻撃隊の集団雷撃を阻止することはできないまでに成長した。

探照灯の無制限照射を突破する道は、入念な研究訓練の積み上げによって解決できるだろうとみた、私の目に狂いはなかった。

運命の昭和十六年

破局か収拾か、日本の命運を分けた昭和十六年（一九四一）が訪れた。

この年の一月、基地航空部隊を統轄する第十一航空艦隊が編制され、さらに四月には赤城、加賀（第一戦隊）、蒼龍、飛龍（第二戦隊）、龍驤（第四戦隊）の空母五隻を基幹とする第一航空艦隊が編制され、司令長官に「水雷戦術の権威」といわれた南雲忠一中将が親補《しんぽ》された。

この新編制は、日本海軍の戦略・戦術上、画期的な意義がある。航空主兵とまではいかないまでも、従来、単なる補助兵器―戦術兵器とみなしてきた航空機を初めて「戦略兵器」として登場させたことである。

母艦の飛行隊は、単艦で行動する場合の指揮権は艦長にある。しかし、戦隊で行動する場合は、母艦が一隻であろうと二隻であろうと、空中にある飛行機隊は、自動的に航空戦隊司令官の直接指揮下に入ることになる。特にハワイ作戦の準備段階での総合訓練は、この新編制によって一段と進展した。

だが、ハワイ作戦に関しては、八月下旬に策定された軍令部の作戦計画にも、実は入っていなかった。

というのは、六月に入ってから米・英・オランダに対する同時作戦計画の立案に着手していた軍令部は、連合艦隊の作戦にはなるべく口出ししないという伝統を守りながらも、何よりもまず石油資源(艦隊、航空機の燃料)の確保が先決であると考えていた。

従って、ハワイを最初にたたけば、南方作戦もやりやすくなる——という山本連合艦隊司令長官の考えには、疑問符をつけていた。それは、海軍首脳の間でも大体同じであった。

山本長官の意を体して、八月初め軍令部に出頭した連合艦隊の先任参謀・黒島亀人大佐と軍令部作戦課長・富岡定俊大佐との間に、激しいやりとりがあったようだが、結論は出なかった。

そこで、お互いの主張を考慮に入れて、もう一度計画を練り直すことになり、連合艦隊では九月中旬、図上演習を実施して、研究を重ねることになった。

この図上演習が実施されるまでに、私が作成したハワイ作戦計画の素案に基づいて、研究しておかねばならないことがあった。日本からハワイ・真珠湾方面に向かうコースについての研究である。

作戦上、考えられるコースは三つある。

第一は、南方航路である。

この航路は、当時わが委任統治領だったマーシャル諸島からハワイに向かうもので、利点は三コース中最短距離（約二千カイリ）、海面も穏やかで航海に問題はない。

しかし、この利点は裏返せば難点となる。船舶の航行は多く、視程は極めて良好（数十カイリに及ぶ）とあって、発見される確率は非常に高い。

第二は、北方航路である。

第三は、南方と北方の中間コースで、利害得失もまた中間である。

私は作戦計画立案の当初から、冬場にハワイへ攻め込むのなら北からだ――と信じていたが、このコースを行くためには、天の助けを必要とした。

北方航路――アリューシャン列島の南に沿って東行し、ハワイのほぼ真北からまっすぐ南下する進撃路である。

冬場の北太平洋は、商船もこの海面を避けて、ベーリング海を通るほどの荒海である。発見される危険は、極めて少ない。が、果たして艦が通れるかどうか、問題である。

私が、南雲中将（第一航空艦隊司令長官）に対して、北方航路を初めて推薦した時、

「航空参謀、バカなことをいうもんじゃない、北を通ろうとしても、艦が歩けないよ」

日本海軍きっての水雷戦術の権威で、剛腹・果断で知られた南雲長官でさえ、「艦が歩けない」（航行できない）と二の足を踏むくらいだ。

「でも、他の航路を通れば、敵に発見されて、奇襲などはできないし、こちらが全滅する公算が多いのです」

「そこを、うまくやるんだよ。君は北、北というけれど、北を通れば、艦そのものが荒海《しけ》でこわれてしまうよ」

南雲長官は、納得してくれなかった。

北方航路では、艦が通れるかどうかも大問題だが、ほかにも作戦行動の場合は、通

常の航海にない難問がある。

日本海軍の艦船は、邀撃《ようげき》作戦用につくられているので、航続力が短い。最も長い加賀クラスでも、十八ノットで八千カイリにすぎない。会敵時、戦闘速力で一日も走れば、たちまち洋上で立ち往生ということになりかねない。

このため、燃料の洋上補給が必要になる。航続力のうんと短い駆逐艦などに対しては、母艦以上に油の補給が重要問題となってくる。

洋上補給については、従来から研究もし訓練もしてきた。しかし、それは巡洋艦以下の小型艦艇に対するものであって、戦艦や航空母艦のような大型艦に対する経験は、全然なかった。

その技術的問題が解決されたのは、十六年の九月半ばになってからである。しかし、ものすごい荒海の中で、その洋上補給ができるかどうか。これは大きなカケであった。

洋上の燃料補給は、油槽船からパイプをつないで行なうわけだが、その際、双方は至近の間隔に接近するので、荒天のために接触事故でも起こしたら、大変なことになる。

だからといって、北方航路を断念して、最短距離の南方航路をとることにでもなると、爆弾を抱えて火の中に入っていくようなものである。

ここは何としても、決定権を持っている南雲長官に納得してもらわなければならない。

私は、九月中旬に予定されている連合艦隊のハワイ作戦に関する図上演習までの間に、手段をつくしてあらゆる情報をかき集めた。

第一点は、米海軍の演習地域の調査である。これは軍令部第三部（情報担当）に当たって、詳しいことを聞き出すことである。

第二点は、米艦隊の有力部隊が、ハワイ北方海面で演習した最近の記録があるかどうか。

第三点は、海軍の通信諜報を担当している機関でないとわからないだろうが、アメリカの哨戒機の行動海面はどの範囲か。その調査記録である。

連合艦隊のハワイ作戦に関する図上演習は九月十一日から十日間、海軍大学校の一室で極秘裏に実施された。

連合艦隊側から山本長官、第一航空艦隊の南雲長官以下、両艦隊の参謀長、先任参謀、航空参謀が参加し、軍令部側から作戦部長（福留《ふくとめ》第一部長）と作戦課長（富岡第一課長）、その他課長が出席して見学した。

この演習までに、私が集めた情報によると、

①真珠湾方面における米艦隊は、毎週月曜日に出港して、金曜日の午後から土曜日までの間に真珠湾に入港すること。これは前から大体わかっていた。しかし、その行動海面は「ハワイ列島の南方海面」に限られていることが初めてわかった。

②米艦隊の中で、有力部隊がハワイ北方海面で演習した古い記録が一つだけあった。索敵艦隊（巡洋艦中心の部隊で、日本の第二艦隊に相当）がハワイとアリューシャンにわたる海面で演習した。ほかにもあったかも知れないが、私が知り得たのはこれだけである。

③米哨戒機の主体は飛行艇で、これが常時哨戒しているのは、ハワイ列島の南方海面であって、北方海面に対するものはほとんどなかった。

④冬期、北太平洋海面を航行する商船は、ベーリング海を通っている。

これらの諸情報は、冬期の北太平洋海面が艦隊の作戦行動、なかでも大部隊の行動を許さないことから生じたものと判断された。

そんなわけで、図上演習の要領でも「十一月十六日を開戦予定日とし、北方航路から真珠湾に近接し、米主力艦隊を奇襲攻撃する……」とされ、第一航空艦隊司令部は「北方航路」を採った。

演習のあと、第一航空艦隊の内部で航路に関する論議が行なわれた。そのときも、南雲司令長官は、

「図上演習では、海がしけないからいいよ。北方航路だって通っていける。だが、実際にはそうはいかんよ」

と北方航路をとることに反対していた。

第一航空艦隊司令部のハワイ作戦に対する意欲は、長官の南雲中将を始め、あまり積極的なものではなかった。

水雷戦術にかけては、世界的にもその名を知られていた南雲中将に、潜水部隊を指揮させて、ハワイ海面で行動中の米艦隊を攻撃する任務を与えていたならば、水を得たさかなのようだったに違いない。

旗艦「加賀」の雷撃隊が、めきめきと成果をあげていったのは、南雲中将の水雷戦術眼によって訓練した賜物《たまもの》である。

その南雲中将が、専門外の航空部隊を指揮し、しかも日本海軍の戦略構想にない破天荒のハワイ攻撃の総指揮を担当し、失敗すればトラの子の空母六隻をハワイの海に沈めてしまうことになるのだから、「業精《くわ》しからざれば、胆大ならず」で、石橋を（でないのだから、なおさら）たたき続けるのも無理はない。

真北から、まっすぐ南下してハワイへ――奇襲成功の最大の要素は、敵が予期していない「虚」をつくことだ。

戦史上、模範とすべき成功例は三つある。第一は、義経の鵯越《ひよどりごえ》の作戦。第二は、信長の桶狭間奇襲。第三は、ナポレオンのアルプス越えである。

私は、航路選定の決定権を持っている南雲司令長官をかきくどいた。

――およそこの作戦企図を知っているものは、それがあまりにも投機的であると思ってか、作戦自体に反対、もしくは消極的意見を持っている。作戦そのものに反対が多いこともあって、進撃航路で北方を支持するものは、きわめて少ない。

――長官にお考え願いたいのは、そのことである。どう考えてみても、この作戦は奇襲でなければ成功の算はない。事前に発見されれば、全滅しかない。絶対奇襲を条件として考えた時は、海軍の兵術常識を外れなければならない。幸いにして、作戦企図を知っている人のほとんどが反対だし、北方航路に関してはことにそうである。

――立場を米海軍将校に換えて、考えてみても、似たような兵術常識の持ち主である彼らは、日本海軍の艦艇の性能、平素の教育・演習実施の状況等から考えて、まさかハワイを航空母艦で攻撃するとは、夢にも思っていないだろう。

――ことに北方航路は、彼ら自身が海が荒《し》けるために演習をやっていないくらいだから、船乗りが冬場この海面を使用するとは、考えてもいないだろうし、備えもしていないに違いない。

――鵯越が馬の通れるところだったら、平家の軍勢は裏側からの攻撃に応じ得る備えをしただろうが、馬は絶対に通れないと思っていたからこそ、備えていなかった。その「虚」を義経の騎馬隊はついた。「鹿がおりられるところを馬がおりられないはずはない」と、さか落としに敵本陣になだれ込んだ。

「北方航路は確かに航海は困難でしょう。が、そこのところは私達の努力によって、何とか切り開かなければならないと思います」

と南雲長官に進言し終わったところへ、九州南方海面で大型艦艇に対する洋上補給の試験を繰り返していた母艦加賀の艦長岡田次作大佐から、

「洋上補給成功、天候……」

との吉報が届いた。

さらに、私の意見具申を聞いていた連合艦隊の佐々木参謀が、助け舟を出してくれた。

「北方航路以外をとるようなら、この作戦はやめたがよい」

隣にいた第二航空戦隊司令官の山口多聞少将に「司令官はどう思われますか?」と聞いたところ、

「そりゃあもう、北方航路だよ」

当然といわぬばかりに賛意を表してくれた。

さしもの南雲中将も、潮やけした渋い顔をいっそう渋くしながら、「航路は北方」のハラを固めた。

連合艦隊の図上演習が終わって間もない九月二十四日のことである。

軍令部第一課の奥にある作戦室に、山本、南雲両長官を除く演習参加者一同が顔をそろえた。これはあとで山本長官から、

「いくさは自分がやる。そんな会議などやってもらわんでもよろしい」

と参謀連は大目玉を食うことになるのだが、軍令部の福留第一部長の司会で行なわれたその会議の結果は、必ずしも思わしいものではなかった。

最後に、福留第一部長が、

「中央としては、諸般の関係上、できるだけ早く開戦することとしたい。十一月二十日ごろを考えている。ハワイ作戦をやるかやらないかは中央で決める」

という発言で閉会し、一同が席を立ち上がるときに、連合艦隊の黒島大佐（先任参謀）は、ぶぜんとした表情で「軍議は戦わずか」とつぶやいた。作戦室は、明らかにハワイ作戦を否定する空気が支配していた。

ハワイ作戦の基幹たる第一航空艦隊の草鹿参謀長は、この会議の席上、

「戦術的に見込みはあるが、戦略的、政略的には成功困難で、成否のカギは、敵の不意に乗じ得るかどうかにある。ハワイ作戦を強行すれば、南方作戦の兵力が不足する。むしろ母艦を南方に集中して、早く南方を片づける方が、大局的には有利ではないか」

と消極的な意見を述べていた。

有力な実戦部隊で、ハワイ作戦に反対していたのは、南方作戦を担当する第十一航空艦隊（基地航空部隊を統轄）の首脳部としても同じだった。

同艦隊で図上演習をやってみると、まずフィリピンの航空撃滅戦に手を焼き、次の南方油田地帯の攻略戦には、到底、戦力を持続していく目算が立たない。従って、南方作戦を遂行するためには、どうしても母艦兵力の協力が必要である——という結論に達していた。

同艦隊の参謀長で、山本長官からまっ先にハワイ作戦の研究を依頼する手紙をもらい、それを私にみせて、作戦計画の素案づくりを極秘に命じた大西瀧治郎少将も、

「日米戦では、武力で米国を屈服させることは出来ないのだから、どうしても長期戦にならざるを得ない。真珠湾攻撃のような、米国を強く刺激する作戦は、避けた方がよい」

という考えに傾いていた。

軍令部の作戦室で、ハワイ作戦可否の討議が行なわれてから五日目の九月二十九日。第一航空艦隊の南雲長官は、草鹿参謀長以下幕僚を引きつれて、第十一航空艦隊司令部（鹿屋基地）を訪問した。司令長官の塚原二四三《にしぞう》中将や大西参謀長と会同して、作

戦計画を打ち合わせるためである。

この第一、第十一両航空艦隊首脳部が、鹿屋基地で作戦打ち合わせの結果、出てきたものは、

「ハワイ作戦は取り止めるべきである」

という意見であった。

この意見を早速、山本司令長官に具申することになり、大西（第十一航艦）、草鹿（第一航艦）両参謀長が同道して、当時、山口県室積《むろづみ》沖に仮泊していた連合艦隊の旗艦「陸奥」へ飛んだ。

十月三日のことである。

第十一航空艦隊の大西参謀長、第一航空艦隊の草鹿参謀長を迎えた「陸奥」では、さっそく山本司令長官、宇垣纏《まとめ》参謀長、黒島亀人、佐々木彰《あきら》両参謀をまじえて会同が開かれた。

伝えられるところでは、席上、まず大西参謀長がフィリピン方面の航空兵力が増強されている現状を説明したあと、

「十一航艦だけで、これに対処するには不十分である。どうしても、一航艦の力を借

りなければならないので、ハワイ作戦の実施は、ご再考願いたい」

と述べた。

山本長官は、これに対して佐々木参謀の意見を求めた。

同参謀は、軍令部情報によるフィリピンの敵航空兵力の状況を説明し、

「十一航艦の兵力も、次第に増強されるはずだから、対処するに差し支えはないはずである」

と答えた。

次に、草鹿参謀長からは、一航艦の立場から反対意見（注＝同司令部は企図の秘匿と燃料補給の困難などを理由に、作戦の成功は望み薄と判断していた）を述べた。

聞き終わった山本司令長官は、やおら姿勢を正して、

「君らは南方作戦、南方作戦というが、もし南方作戦中に、東から米艦隊に本土を空襲されたらどうする。南方の資源地域さえ手に入れれば、東京や大阪が焦土になってもよいというのか。とにかく、自分が連合艦隊司令長官でいる限り、ハワイ作戦は断行する決心だ。両艦隊とも、無理や困難はあろうが、ハワイ作戦はどうしてもやるんだという積極的な考えで、準備を進めてもらいたい」

強い口調でここまで言い切ったあと、ぐっと表現をやわらげ、

「いくら僕がブリッジやポーカーが好きだからといって、そう投機的、投機的というなよ。君たちのいうこともわかるが、僕のいうことも、よく研究してくれ」

と、ひたすら頼み込むような口調に変わっていた。

「ハワイ作戦は取りやめるべきである」との意見を具申するため、鹿屋基地から飛んできた大西、草鹿の両参謀長とも、山本司令長官にこうまで言われては、もう頭を下げるしかなかった。

ミイラ取りがミイラになった格好で、二人の参謀長はやがて退艦することになる。大西参謀長に一足遅れて、なお不満気に草鹿参謀長が退艦しようとすると、山本長官は、異例にも彼を舷門まで見送り、肩をたたいてこう言った。

「真珠湾攻撃は、僕の年来の信念なのだ。君にもいい分はあろうが、これからは反対論を言わずに、僕の信念の実現に協力してくれ。君の要望することは、何でも実現するように努力するから……」

この長官異例の「舷門見送り」と、「年来の信念」という一言に、さすがの草鹿参謀長も返す言葉はなく、「わかりました。今後いっさい反対論は申し上げません。長

官のお考えが実現するよう努めます」

と誓って、舷門を降りた。

草鹿参謀長の報告で、山本連合艦隊司令長官の「固い決意」を知った南雲長官は、十月七日午後、第一航空艦隊の各司令官、幕僚、飛行長、飛行隊長らを招集して、ハワイ作戦計画を発表。その計画の完成とこれに即応する訓練を実施することになったが、この作戦に使用する兵力については、まだ確定していなかった。

軍令部では、折よく就役した大型空母の翔鶴、瑞鶴の二隻をもって第五航空戦隊を編制し、これを南方作戦にあてようと考えていた。

連合艦隊では、足の長い(航続力の大きい)新鋭空母こそ、ハワイ作戦に使用すべきものと考え、旗艦になったばかりの長門で十月中旬に実施されたハワイ作戦特別図上演習でも、この新鋭空母二隻を含めていた。

それより前の九月中旬のことである。私は連合艦隊の司令部で、佐々木参謀から意外なことを聞かされた。

「中央では、航続力の関係上、ハワイ攻撃には航続力の大きな加賀、翔鶴、瑞鶴の三隻に、練度の上がっている第一、第二航空戦隊の搭乗員を乗せて使用し、赤城、蒼龍、飛龍の三隻には、第五航空戦隊の搭乗員を充当して、南方作戦に使用するという案を持っているが、どう思うか？」

寝耳に水のようなこの話に、私は驚いた。

「絶対反対だ。第一、こんな奇襲作戦に中途半端な兵力を使用するようでは、戦果は期待できないし、また今まで一緒になって訓練してきた司令部と搭乗員を分断するようなことは断じて出来ない。中央は、搭乗員を将棋の駒のように考えているのか！」

これを伝え聞いた第二航空戦隊司令官の山口多聞少将が、串木野《くしきの》に在泊していた飛龍から、急遽《きゆうきよ》、鹿児島湾に在泊中の加賀に乗り込んできて、この処置の撤回を強く迫った。

私は呼ばれて参謀長室に入っていった。と、そこには憤懣《ふんまん》やる方ない形相の山口司令官と、ほとほと困り果てたような顔つきの草鹿参謀長がいた。

山口「どうして二航戦（第二航空戦隊）はハワイに連れていかないのだ」

草鹿「上級司令部でそういうからだ」

山口「それなら、強硬な意見を具申して、この案を撤回させればいいではないか」

草鹿「うーん、しかし軍令部やGF（連合艦隊）にも、いろいろ考えがあってのことだろう」

山口「本気でハワイ作戦をやるつもりなら、どうしても六隻案になるはずだ。熱がないからこういうことになるんだ」

草鹿「………」

二人の問答は、いきり立った山口司令官に対して、水の中で屁《へ》をしたような草鹿参謀長の生返事が繰り返されて、とても収拾の見込みはなかった。

最後に、山口司令官は、私と草鹿参謀長を睨《にら》みつけながら、こう言い放った。

「二航戦の航続力が足りないというなら、片道だけ連れて行ってくれれば、それでいいのだ。君らは、攻撃が終わったら、さっさと内地へ帰ってくれ。二航戦は、燃料がなくなったら、ほっておいてもらって結構だ。漂流でもなんでもするよ。だいたい、今まで一緒に訓練してきた搭乗員を、私の部下から切り離すようなことをするなら、私は自決する以外に道はない。どうだ源田君、君はどう思う？」

矢は私に向けられた。

「私は、司令官と同意見です。よくも、こんなバカな案を持ち出したものだと思います」

と答えたものの、第一航空艦隊司令部としては「中央や連合艦隊がそういう考えなら仕方あるまい」との空気が強く、ハワイ作戦に使用する空母は絶対六隻案でなければならない、という状況にはなかった。

談判不調のまま、鹿児島市内の旅館に帰った山口司令官は、怏々《おうおう》として楽しまざる様子で、平野国臣《くにおみ》の「わが胸の燃ゆる思いにくらぶれば　煙は薄し　桜島山」をさびしげに口ずさんでいたという。これは当時の第二航空戦隊参謀、鈴木栄二郎中佐（現在、私の後援会会長として良き相談役になってくれている海兵同期の畏友《いゆう》）の話だ。

また十月十二日、長門艦上でのハワイ作戦図上演習は母艦三隻案で行なわれ、山口司令官は九月以来行なわれていた南方作戦の方に回されていた。たまたま宿泊艦が同じだった山口司令官は、この時も南雲司令長官の肩につかみかかって、「連れていくかどうか」強談判していたという。これは草鹿参謀長の話である。

山本司令長官のハワイ作戦関係者に対する歴史的ともいえる訓示が行なわれたのは、旗艦長門での図上演習終了後の研究会においてであった。

演壇に立った山本司令長官は、全員をにらみつけるようにして、こう宣言した。

「ハワイ作戦について、いろいろと意見があるが、私が連合艦隊司令長官である限りは、この作戦は必ず実施します。以後再び、この問題について、論議しないようにしてもらいたい。ただ、実施するに当たっては、実施するものが、納得するような方法でやります」

あとにも先にも、この時くらい強烈な印象を受けたことはない。名将の言行とは、かくも圧力のあるものか。この訓示は、指揮官として極めて重要な事項が含まれている。

第一は、作戦目的を明確に掲げ、不退転の意志をもって表明したことである。

第二は、必ずやるが、そのやり方は、お前たちにまかせる。要望があれば、何でも叶えてやるから言ってこい、ということだ。

重要な局面で関係者一同に示した山本長官の決意は、やがて軍令部総長永野修身《おさみ》大将（のち元帥）みずからの決裁で、空母の六隻使用が承認される。

十月十九日のことである。

山本長官は、部下に任務を与えるに当たって、前々から「あれもやれ、それがうまくいったら、ついでにこれもやれ」というような命令を出す人ではなかった。

つまり、欲ばった命令はいっさい出さないで、目的を一つに、しかも明確に絞り、それを強力に推進する。が、その手段方法は部下の創意工夫にゆだねるという、指揮官として十分気をつけなければならない肝心な点は、見事に踏まえていた。

その一つの実例は、十六年度艦隊演習の研究会でもみた。

さる巡洋艦戦隊の幕僚が、同戦隊の水雷戦隊を推進(敵主力に対して魚雷攻撃を加えるに当たり、敵の巡洋艦戦隊などが妨害するので、それを排除して味方水雷戦隊を発射地点にまで掩護《えんご》推進)したのち、巡洋艦戦隊自身の魚雷もうまく発射して、戦果を挙げるべく、巧妙な計画を発表したことがある。

私たちは「なるほど、うまい手があるもんだなあ」と感心していた。

ところが、研究会の最終日に山本長官が自分の意見を述べる時、この件に触れ、

「某戦隊は、水雷戦隊の推進のほか、自分もうまく(魚雷を)発射しようと考えているようだが、そんな余計なことはしなくてもよろしい。水雷戦隊だけをしっかり掩護、推進すればよい。自分の意図はこうなのだから、間違いのないように……」

とハッキリした意見を表明されたことがある。

山本長官のハワイ作戦関係者一同を前にした確固たる意思表示によって、モヤモヤとした空気はきれいに一掃され、ハワイ作戦に使用する母艦は、艦隊側の要望通り「六隻」ということになった。

そのほか、私たちがハワイ作戦に関する準備や訓練を進めるに当たって、第一航空艦隊の要望することは、ほとんど例外なくといってもいいくらい、海軍当局によって受け入れられた。

こんなことは、私の二十四年間の海軍生活（大正十年～昭和二十年）の中で、この時だけである。

たとえば、飛行機が何機ほしい、といえばその飛行機が、また、これこれの人間がいつまでにほしい、といえばその人間が――およそ当時の海軍の力によってできることは、なんでもたちどころにその希望が叶えられた。

それというのも、

「やる限りは、それをやるものが納得するような方法でやる」

という、山本長官からの特別の配慮が、すみずみまでゆきわたっていたことによるものである。

もしあの重要な局面で、山本長官から不動の決意が表明されなかったならば、ハワイ作戦は実行に至らなかっただろう。

そして、その結果は、南方作戦さえも中途で挫折し、連合艦隊は南方地域攻略態勢から東方邀撃態勢に急転回を強要させられ、緒戦から全く不利な戦闘を強いられることになっていたであろう。

私は、山本長官に希代の名将としての「大器」をみた。

わが機動部隊の陣容

ハワイ作戦に使用する空母は六隻と決まった。第一航空戦隊の赤城、加賀、第二航空戦隊の蒼龍、飛龍に、第五航空戦隊の新鋭空母、翔鶴、瑞鶴の二隻を加えた六隻である。

この空母六隻を基幹とする機動部隊が編制され、各級指揮官と幕僚が発令された。

第一航空艦隊＝司令長官（機動部隊指揮官）南雲忠一中将、参謀長草鹿龍之介少将、参謀（首席）大石保中佐、参謀（航空甲）源田実中佐、参謀（航空乙）吉岡忠一少佐、参謀（航海）雀部《ささべ》利三郎中佐、参謀（潜水艦）渋谷龍稈《たつわか》中佐、参謀（通信）小野寛治郎少佐、参謀（機関）坂上五郎機関少佐、機関長田中実機関大佐、軍医長新井甫《はじめ》軍医大佐、主計長清水新一主計大佐。

第一航空戦隊（長官直率）＝赤城艦長長谷川喜一大佐、同飛行長増田正吾中佐、同飛行隊長淵田美津雄中佐、加賀艦長岡田次作大佐、同飛行長佐多直大中佐。

第二航空戦隊＝司令官山口多聞《たもん》少将、参謀（首席）伊藤清六中佐、参謀（航空）鈴木栄二郎中佐、参謀（通信）石黒進少佐、参謀（機関）久馬武夫機関少佐、機関長篠崎磯次機関大佐、蒼龍艦長柳本柳作大佐、同飛行長楠本幾登中佐、飛龍艦長加来止男《かくとめお》大佐、同飛行長天谷《あまがや》孝久中佐。

第五航空戦隊＝司令官原忠一少将、参謀（首席）大橋恭三中佐、参謀（航空）三重野武少佐、参謀（通信）大谷藤之助少佐、参謀（機関）吉田毅機関少佐、機関長牟田菊雄機関大佐、瑞鶴艦長横川市平大佐、同飛行長下田久夫中佐、翔鶴艦長城島高次大佐、同飛行長和田鉄二郎中佐。

第三戦隊＝司令官三川《みかわ》軍一中将、参謀（首席）有田雄三中佐、参謀（砲術）竹谷清中佐、参謀（通信）森虎男少佐、参謀（機関）竹内由太郎機関少佐、機関長奥村敏雄機関大佐、比叡《ひえい》艦長西田正雄大佐、霧島《きりしま》艦長山口次平大佐。

第八戦隊＝司令官阿部弘毅少将、参謀（首席）藤田菊一中佐、参謀（水雷）荒悌三郎少佐、参謀（通信）矢島源太郎大尉、参謀（機関）佐藤良明機関少佐、機関長松島悌二機関大佐、利根《とね》艦長岡田為次大佐、筑摩《ちくま》艦長古村啓蔵大佐。

第一水雷戦隊＝司令官大森仙太郎少将、参謀（首席）有近六次中佐、参謀（砲術）三上作夫少佐、参謀（通信）岩浅恭助大尉、参謀（機関）吉川積機関少佐、機関長田辺保里《やすのり》機関大佐、阿武隈《あぶくま》艦長村上清六大佐、第十七駆逐隊司令杉浦嘉十大佐、谷風《たにかぜ》艦長勝見基中佐、浦風《うらかぜ》艦長白石長義中佐、浜風《はまかぜ》艦長折田常雄中佐、磯風《いそかぜ》艦長豊島俊一中佐、第十八駆逐隊司令宮坂義登大佐、不知火《しらぬい》艦長赤沢次寿雄《しずお》中佐、霞《かすみ》艦長戸村清中佐、霰《あられ》艦長緒方友兄《ともえ》中佐、陽炎《かげろう》艦長横井稔中佐、秋雲《あきぐも》艦長有本輝美智中佐、第二潜水隊司令今和泉《いまいずみ》喜次郎大佐、伊十九潜艦長楢原《ならはら》省吾中佐、伊二十一潜艦長松村寛治中佐、伊二十三潜艦長柴田源一中佐。

空母部隊の公試排水量（出撃時の全重量）は赤城三万四千三百六十四トンで搭載機は常用六十三機、補用九機。加賀三万三千六百九十三トンで搭載機は同じ。蒼龍一万八千八百トンで常用五十四機、補用九機、飛龍二万二百五十トンで搭載機は同じ。翔鶴、瑞鶴ともに二万九千八百トンで常用七十二機、補用九機。合計機数は常用三百七十八機、補用五十四機である。

支援部隊の第三戦隊（司令官・三川軍一中将）は戦艦比叡と霧島（ともに速力二十七・五ノット）の二隻で、航空母艦を護衛し、敵の水上部隊が反撃してくるような場合は、これを撃退する。

また同時に、もし、母艦が損傷を受けて自力航行が不能に陥った場合には、曳航《えいこう》していく任務も持っている。

このため、高速で比較的航続力のある比叡と霧島の二艦が「戦艦部隊」として選ばれたわけである。

同じ支援部隊である第八戦隊（司令官は阿部弘毅少将）は「巡洋艦部隊」で、これには重巡洋艦の利根、筑摩の二隻（ともに速力三十五・〇ノット）を充てた。

この重巡二隻は、航空母艦の前面を警戒する任務を持ち、それぞれ水上偵察機五機（いずれもカタパルトで射出）を積載して、前方海面の索敵に当たる。

第十七駆逐隊の谷風、浦風、浜風、磯風。それに第十八駆逐隊の陽炎、不知火、霰、霞、秋雲の計九隻の駆逐艦は、航空母艦を直衛し、敵の水上部隊や潜水艦に対して、魚雷・爆雷攻撃を加えることを任務とする。この水雷戦隊（司令官・大森仙太郎少将）の旗艦には、軽巡洋艦の阿武隈が選ばれた。

潜水艦部隊（第二潜水隊司令、今和泉喜次郎大佐）は、伊二十一号、伊二十三号、伊十九号によって、最初は機動部隊とは別に、先遣部隊として機動部隊の前路を哨戒させるはずであったが、後に計画を変更して、機動部隊に加えられた。

これは、洋上での燃料補給などの関係で、駆逐艦を機動部隊から分離する必要を生じた場合に、駆逐艦に代わって、母艦直衛の任務につき、また洋上に不時着した飛行機の搭乗員を収容させるためである。

このほか、機動部隊には燃料補給のための給油艦として、極東《きよくとう》丸（特務艦）、健洋《けんよう》丸、国洋《こくよう》丸、神国《しんこく》丸の第一補給隊、東邦《とうほう》丸、東栄《とうえい》丸、日本丸の第二補給隊の計七隻が随伴している。いずれも新鋭優速のタンカーで、軍艦ではないので艦長はいない。民間人の船長が操船に当たるが、監督官が乗り組んで、作戦上の指揮をとる。

第一補給隊＝指揮官兼特務艦（極東丸）艦長大藤正直大佐、健洋丸監督官金桝《かねます》義夫大佐、国洋丸監督官日台虎治大佐、神国丸監督官伊藤徳堯《のりたか》大佐。

第二補給隊＝指揮官兼東邦丸、東栄丸監督官草川淳大佐、日本丸監督官植田弘之大佐。

こうして機動部隊（真珠湾奇襲部隊）は、十一月上旬、その陣容を整えた。

十一月十七日――機動部隊の各艦艇は、その前日までに佐伯湾（大分県）に集合していた。

空母六隻を基幹とするハワイ奇襲部隊が、日本内地を出ていく日である。連合艦隊の旗艦長門も、山口県岩国沖から回航され、主力の第一、第二艦隊の艦艇も姿を見せていた。

山本司令長官の「機動部隊出撃に際する訓示」が行なわれたのは、その日の午後である。

機動部隊の旗艦赤城の飛行甲板に集合した各級指揮官、幕僚、それに飛行科士官を前に、艦尾の軍艦旗に向かうようにして台上に立った山本長官は、その一語一語に万感の思いをこめて、機動部隊の南雲指揮官以下に壮行の辞を述べられた。

連合艦隊の宇垣纏参謀長は、戦陣日誌「戦藻録」の中で、

「……切々、主将の言、肺腑《はいふ》を衝《つ》く。将士の面上、一種の凄味《すごみ》あるも、一般に落付《おちつき》あり。各々、覚悟定まり忠節の一心に固まれるを見る。此の挙固《もと》より若干の犠牲は予期せざるべからざるも、神護により願はくは其《そ》の目的を達せられん事を」

と記している。

長官の訓示の要旨はこうだ。

「機動部隊は、いよいよ内地を出撃して、征途に上る。こんどわれわれが相手にする敵は、わが国開闢《かいびゃく》以来の強敵である。わが国は、いまだかつて、これほどの豪のものと闘ったことはない。相手にとって毛頭不足はない」

「敵の長官キンメル大将は、数クラスを飛び越えて、合衆国艦隊の長官に任命された人物であり、極めて有能な指揮官であることをつけ加えておく」

「奇襲を計画しているが、諸君は決して相手の寝首をかくようなつもりであってはならない。この点、特に注意しておく」

簡単明快で、まことに力強いものであった。傍点の付してある文言は、今でも私の脳裏に焼き付いて離れない。

最後通牒《つうちょう》をいつ手交するかは、戦争指導上の重要問題であるが、われわれ第一線部隊にあるものの与《あずか》り知るところではない。

しかし、長官はかねがね最後通牒を渡す時期について、深く考えていることは、連合艦隊の佐々木参謀からそれとなく聞いていた。

そのことと長官の訓示とをあわせ考え、私は「あるいは強襲になるかも知れない」と思った。が、強襲になったとしても、当時最高の練度にあったわが戦闘機隊の術力からみて、敵艦隊が真珠湾か、ラハイナ泊地にいる限り、若干犠牲はふえるだろうが、作戦目的は達成できると自分自身にいいきかせていた。

敵将キンメルは凡将ではない。待ち構えているかも知れない。その本陣に殴り込みをかける以上、相当な覚悟がいる。

訓示が終わって、山本長官の発声で前祝いの杯をあげる時、長官はただ一言、

「征途を祝し、成功を祈る」

声は凜《りん》として響いたが、その面持ちには心なしか沈痛の色がみえた。

機動部隊の旗艦赤城が、佐伯湾を出たのは十一月十八日の朝九時であった。

ハワイ攻撃に参加する各艦艇は、それまでに可燃物、私物、装飾品類の積みおろしや、兵器弾薬、食糧の最後の積み込みを終わり、ギリギリまで陸上基地で訓練に励んでいた飛行隊も母艦に収容し終わっていた。

航路を北にとるので、飛行機の補助翼、方向舵、昇降舵は、すべて耐寒グリスに塗り替えられていた。

防寒服と防暑服を一緒に渡された乗組員達は、

「いったいオレたちは、北へ行くのか南へ行くのか、どっちなんだ?」

と不審がっていた。

無理もない。原則として副長以下は、艦隊がこれからどこへ向かうのか、誰も知らないのだから、戸惑うのも当たり前だ。

機動部隊の各艦隊がそれぞれ単艦で、ひそかに南千島の択捉島《えとろふ》の中央南側にある単冠《ひとかっぷ》湾に向けて集結を開始していたころ、対米和戦をめぐる廟議《びょうぎ》は、完全に手詰りの状況下にあった。

記録によると、当時（十六年七月）第二次近衛内閣は、日独伊三国同盟の立役者であった松岡洋右《ようすけ》外相を疎外して、日米交渉を軌道に乗せるべく、総辞職し第三次近衛内閣を発足させていた。

ところが、その七月の二十八日に、日米関係に決定的な結果を招くことになる南部仏印（現在のベトナム南部）進駐が行なわれた。

その前年九月（日独伊三国同盟締結）、仏印（仏領インドシナ）ルートによる蔣介石《しょうかいせき》軍への援助を遮断するとの名目で、北部仏印（現在のベトナム北部）に兵を進めていた。

そのころのフランスは、六月十四日に首都パリを占領され、ドイツ軍に降伏したペタン政府はヴィシーに移り、ド・ゴール将軍がロンドンに亡命政権を樹立したころで、日本軍の北部仏印進駐はフランス政府から任命されている仏印総督にとっては、否《いや》も応もなかった。

明けて昭和十六年――四月に日ソ中立条約の成立、五月ロンドン大空襲、六月二十二日にはドイツ軍は反転してソ連領に攻め込む――という情勢下での日本軍の南部仏印進駐は、七月二十四日の仏印総督との協定によるもので、実際に兵が入ったのは二十八日だった。

だが、これは南方の資源地域、特に当時「蘭印」と呼んでいたオランダ領東印度（現在のインドネシア）の油田地帯、極東における英国海軍最大の拠点シンガポールに対する野心の露骨な表明と米英両国政府は受け取った。

問題は石油である。対米英戦争に至らないまでも、万一、米国が日本向けの石油を止めたならば、日本として生きんがためには、蘭印の石油を押えるしかない。となると、戦略上、シンガポールに陣取っている英国艦隊をそのままにしておいて、蘭印に入ることはできない。

シンガポールを制圧するには、当時の飛行機の航続距離からして、南部仏印に航空基地や兵站《へいたん》基地を置かねばならぬが、その基地建設には時間がかかる。

七月二十八日に始まった南部仏印への進駐は、二十四日の仏印総督との間に締結された協定に基づいて行なわれた。

ところが、これに対する米英両国政府のシッペ返しは素早かった。進駐直前の二十六日には、米英始め五カ国が報復措置として対日資産の凍結、次いで石油など重要物資の全面禁輸を打ち出した。

この制裁措置によって、日本には一滴の石油も入ってこなくなることが明白となった。

日米和解の分岐点となった南部仏印進駐を決めたのは、六月中旬の大本営・政府連絡会議だが、席上、松岡外相が、

「(南部仏印)進駐によって、アメリカが立ったら、どうするつもりか」

と質問したのに対して、永野軍令部総長は、

「その場合は、断固、戦う!」と、永年「サイレント・ネイビー」と呼ばれてきた海軍は、遂に沈黙を破って思い切った発言をした、と伝えられている。

海軍統帥の任にある永野軍令部総長の口から出た強気の発言が、その場の空気を左

右したであろうことは、想像に難くない。

さらに永野総長は、米国の対日全面禁輸発動以前の第三次近衛内閣最初の連絡会議（七月二十一日）において、

「米に対して、今は戦勝の算あるも、時を追ってこの公算は少なくなる。明年（昭和十七年）後半はもはや歯が立ちかねる。その後はますます悪くなる。米は恐らく軍備の整う（注＝大西、太平両洋海軍法による建艦計画はすでに議会で可決されていた）までは問題を引きずり、これを整頓するであろう。従って、時を経れば帝国は不利となる。戦わずして済めば、これにこしたことはない。しかし、到底、衝突は避けられないとするならば、時を経るとともに不利となるということを承知せられたい」

との見解を述べている。

帝国は、現下の局面を打開して、自存自衛を完《まっと》うし、大東亜の新秩序を建設するため、この際、対米英蘭戦争を決意し……に始まる『帝国国策遂行要領』が、最終的に裁可されるのは、十一月五日の御前会議のことだが、その準備のために開かれたと思われる連絡会議（九月三日）でも、永野軍令部総長の発言は、米国の対日全面禁輸の発動で一段と強くなり、

「帝国は各般において、特に物が減りつつあり、痩《や》せつつある。これに反し敵側は段々強くなりつつあり、時を経れば（帝国は）いよいよ痩せて、足腰も立たなくなる。外交によって、（いくさを）やるのを忍ぶ限りは忍ぶが、適当な時機に見込みをつけねばならぬ。外交では到底見込みなき時、いくさを避け得ざる時になれば、早く決意するを要する。今なれば、戦勝のチャンスあることを確信するも、この機は時とともに無くなるのをおそれる……（中略）……要するに国軍としては、非常に窮境に陥らぬ立場に立つこと、また開戦時期を我が方で定め、先制を占むる外なし、これによって、勇往邁進《まいしん》する以外に手がない」

とまで言い切っている。

石は坂道を転がり出した。

日米関係を悪化させた要因は、満州事変以来の中国大陸に対する日本の行動、日独伊の関係が防共協定の域を越えて枢軸同盟にまで発展したことが指摘されるが、決定的に悪化させたのは、日本の南部仏印進駐と、これに対して米国がとった石油の対日禁輸である。

対米開戦に慎重だった海軍部内に、にわかに開戦論議が激しくなったのも、石油禁輸以来のことだ。春秋の筆法をもってすれば、米国の対日石油禁輸が日本をして真珠湾への道を急がせることになったともいえる。

当時、日本は国内ばかりでなく勢力圏を含めても、石油は民需・軍需を合わせて、一年分あまりしか持っていなかった。

だから、アメリカと戦争すれば、一年余り先には、石油のために無条件降伏せざるを得ない。だが、石油は蘭印（オランダ領東印度＝現在のインドネシア）にもある。開戦は不可避の方向に傾いた。

蘭印へ入っていくためには、イギリス極東艦隊の根拠地シンガポールを制圧しなければならない。援蔣ルートの遮断という名目で、北から南へ仏領印度支那（仏印）に兵を進めたのも、シンガポール制圧のための戦略的な足場（航空基地等）が必要だったからにほかならない。

当時、日本は石油の大部分を米カリフォルニア地方に仰いでいた。石油が日本にとって「血の一滴」であることは、今も昔も変わりはない。特に石油を大量に使用する海軍では、一朝事ある時に備えて早くから買い溜め政策をとり、開戦直前の貯油量は六百五十万キロリットルに達していた。さらに陸軍は百二十万キロリットル、民間は七十万キロリットル、合計八百四十万キロリットルが、昭和十六年秋に日本が持っていた貯油量のすべてであった。

原油の年間輸入量二億八千万キロリットル、一日の消費量七十六万七千キロリットルといわれる現在の日本に比べると、八百四十万キロリットルのストックなんて、十日余りで一滴もなくなる。今から考えると、お笑い草かも知れないが、せっせと石油を溜め込んでいた。

それでも当時の海軍は、毎月四十万キロリットル、年間四百八十万キロリットルの石油を消費するので、普通に使っても一年と四カ月分しかない。いざ開戦となって、艦隊決戦でもやろうとすれば、一回ごとに五十万キロリットルが消えていく。油をケチっていては、堂々たる海戦などできるものではない。

現に、ミッドウエー海戦では六十万キロリットル、マリアナ海戦では三十五万キロリットル、フィリピン沖海戦では二十五万キロリットルの石油が消費されたといわれている。

永野軍令部総長が、南部仏印進駐を決めた六月中旬の大本営政府連絡会議で、「(アメリカが立ったらどうするつもりか？　と松岡外相に問いただされ) その場合は、断固戦う」と決意のほどをみせることができた背景には、海軍力の増強がある。日本海軍はこの時点で、対米七割五分パリティの力を保有するに至っていた。つまり、すでに「六割海軍」ではなくなっていたのである。

グルー駐日アメリカ大使から「顔を見ただけでも虫ずが走る」とまで、毛嫌いされていた外務大臣（松岡洋右）では、日米関係の調整はうまくいかない。

第二次近衛内閣は総辞職（注＝当時の総理大臣には閣僚を罷免する権限はなかった）、すぐあとの第三次近衛内閣の外相に、海軍出身の豊田貞次郎（海兵三十三期）が起用された。

豊田外相は、及川古志郎海相の下で次官をしていた当時（昭和十五年秋）条件付きではあったが、米英を標的とする「日独伊三国同盟」にやむなく賛成した人である。

豊田外相が登場したとき、日米関係はすでに土壇場に差しかかっていた。石油の対日禁輸令にしても、それが太平洋戦争勃発の引き金になることを十分承知の上で、ルーズベルト大統領はみずからの判断で、七月二十六日、その発動に踏み切った。

この石油禁輸令を受けて、九月六日の御前会議では、極めて重大な決定がなされている。

――十月下旬を目途として戦争準備を進める一方、十月上旬になっても日米交渉妥結の見通しを得られないときは、ただちに開戦を決意する。

という、超重大事項がそれである。

問題の日米交渉は、近衛首相が最後に望みを託したルーズベルト大統領との項上会談も実現されず、結局は、中国と仏印からの即時・無条件撤兵を実施しない限り、交渉妥結の見込みはなかった。

近衛首相と豊田外相は、

――一時屈して撤兵の約束をアメリカに与え、日米戦争を回避した上で、支那事変（日中戦争）にケリをつけ、無傷の陸海軍を保持して、今後に相当の発言権を残しておくことが、国家保全のためである。

との判断をとった。

これに対して、陸軍を代表する東條英機陸相は、

――アメリカの要求通り撤兵すると、支那事変の成果のみならず、満州国（現在の中国東北地区）は瓦解《がかい》する上に、朝鮮統治も壊滅することは明らかである。無条件

で撤兵することは、断じてできない」

と激しく反論して、一歩も引かない。

海軍を代表する及川古志郎海相は、近衛首相との会談（十月一日）で、次のような所信を述べている。

「総理は、絶対避戦主義なりといわれるが、それだけで陸軍を引っ張ってはいけませぬ。このまま緊張状態を続けていけば、資源の消耗大（注＝当時、艦隊の重油消費は一日一万トンといわれていた）にして、到底、永続してはいけない。速やかに国交を調整して、自給し得るようにしなければなりません。それには米国案を鵜呑《うのみ》にするだけの覚悟で進まなければならぬ。総理が覚悟を決めて邁進せられるならば、海軍は十分援助すべく、陸軍もついてくるものと信じます」

近衛首相はその覚悟を決めないで、十月十六日、内閣を投げ出した。

東條内閣の登場である。

十月十六日、東條内閣は成立した。米国政府はこれを「戦時内閣」の登場とみた。

組閣の大命降下に当たって、東條陸軍大将は「従来の政策を再検討して、対米交渉の打開につとめるよう希望する」とのご沙汰を拝していた。東條首相（陸相・内相兼任）による新内閣が、当初「白紙還元内閣」といわれたのは、そのためである。

第三次近衛内閣の東條陸相を次期内閣の首班に推挙した木戸内大臣は、東條大将の陸軍部内における統率力に着目し、強硬派を抑えて戦争回避の方向に導いていくことを期待した。陸相と内相の兼任を一つの条件にしたのもそのためであった。

つまり、非戦の方向に国策の大転換が行なわれた場合、予想される混乱に対処して、「憲兵と警官を一手に握る」ことにあったようだ。

白紙還元の御諚《ごじょう》というのは、九月六日の御前会議で裁可された「超重大事項」の再検討を指していた。

それには「対英米蘭戦争を辞せざる決意の下に、概ね十月上旬を目途とし、戦争準備を完整する」ことが盛られていた。

御前会議の前日（九月五日）、政府がこの「要領案」を上奏すると、陛下は非常にご心配になり、近衛首相、杉山（元）参謀総長、永野（修身）軍令部総長の三人を御前にお招きになり、いろいろと下問された。

その時の様子は、概ね次のようなことだったといわれている。

「万一、戦争になった場合、陸軍はどのくらいの期間で、片づける確信があるのか」

との陛下のご下問に対して、杉山参謀総長は、

「南洋方面だけなら、三カ月で片づけるつもりであります」

と奉答した。

これに対して、陛下は語気を強められ、

「杉山は、支那事変が起こった当時（注＝昭和十二年七月七日に発生）陸軍大臣として、事変は一カ月ぐらいで、片づくと申したが、四年もたった今日、なお片づかないではないか！」

と、詰問された。

思わぬ事の成り行きに、杉山参謀総長は恐懼《きょうく》のあまり、声をふるわせながら、やっとの思いで、

「支那は（なにしろ）奥地が広うございますので……」

と、言上したところ、陛下はさらに大きなお声で、問い詰められた。

「支那の奥地が広いことは、はじめからわかっていることではないか。太平洋はもっと広い。どのような根拠で、三カ月と申すのか！」

さすがの杉山参謀総長も、あぶら汗を人並みすぐれた大きな顔面いっぱいに浮かべて、沈黙するほかはなかった。

永野軍令部総長が〝助け舟〟を出し、この場はなんとかとりつくろった――というのである。

その場に居合わせたはずの近衛首相は、どうしていたか。国務を総理する立場にある彼にしても、統帥事項に関する奏上の前には、何一つ口出しできなかったに違いない。

天皇を頂点に、国務と統帥は別々に歩いていたのである。

大本営・陸海軍部

陸軍大臣を兼任した東條首相は、いわゆる「白紙還元」の御諚にそうべく、努力した形跡はある。

だが、国務と統帥との間の壁は厚く、別々の道を歩いていた両者の歩調を統一する上に果たした役割は、極めて限られたものであった。

首相の陸軍大臣としての大本営参画にしても、作戦計画の策定に直接、参画できなかったし、対米作戦の主役となる海軍の統帥に触れることは全くできなかった。なぜか？　統帥権なるものが、明治の建軍この方、一般国務から完全に独立していたからである。

帷幄《いあく》の大権とも呼ばれていた「統帥権」は、明治憲法第十一条に基づき、天皇が陸海軍を指揮統御する大権で、統帥上の輔弼《ほひつ》の責務は、陸軍は参謀総長、海軍は軍令部総長がそれぞれ負っていた。

（注）輔弼とは、明治憲法上のいわば概念で、天皇の行為としてなされ、あるいはなされざるべきことについて進言し、採納（おとりあげになること）を奏請（お願い）し、もってその全責任を負うこと。統帥上の輔弼は参謀総長と軍令部総長の職責だが、国務上は各国務大臣（首相もこの点では同格）、宮務上は宮内大臣と内大臣がそれぞれその任にあった。

制度上、統帥権が独立したのは、明治十一年のことで、西南の役があった翌年である。

この年、太政官内閣の下から参謀本部が独立し、初代本部長に山縣有朋《やまがたありとも》が就任した。統帥権はこの時、独立したといえる。

建軍の祖・大村益次郎が明治二年（一八六九）十一月、京都で凶刃に倒れた時、大村の後継者となる山縣は、西郷従道《つぐみち》（隆盛の弟）と一緒にフランスで軍制を研究していた。

長州（山口県）奇兵隊出身の山縣にとって、この統帥権の独立（徴兵制は大村益次郎の遺志）は彼の維新前後の体験から生まれた悲願でもあったようだ。

というのは、その後、伊藤博文が明治憲法を起草する段階で、山縣は大先輩の伊藤が「そんなこと、どちらでもいいじゃないか」と思っていたらしい〝統帥権の一条〟を、強引に口説いて憲法の中に織り込ませた経緯がある。

この時代は、明治天皇を中心に〝きわどい戦争〟の中を生き残ってきた五、六人の元老が控えていた。軍人・軍略家であると同時に政治・政略家でもあったこれら元老たちは、結局は国家最高のリーダーシップを握っていた。

統帥権の一条にしても、後世の軍人がこれを乱用する気になれば、三権分立の建前はたちまち崩壊する。

その危険な大きな穴を、生身の体でふさいでいたのが、元老の一人となった元帥・公爵山縣有朋であった、といえる。

大正十一年（一九二二）、元老・山縣の死去で、その穴をふさいでいた生身の巨大な存在が消えた瞬間から、統帥権は明治憲法の条文が力を得て、独り歩きを始める。

第一次世界大戦（一九一四〜一八）のあと総力戦時代に入り、「戦争とは政治の一手段である」といわれ出したころである。

海軍の軍令系統は、明治十九年（一八八六）三月、参謀本部に海軍部を置いて形式的に独立したが、それが確立されたのは、二十六年（一八九三）五月になってからである。

時の海軍大臣は西郷従道（明治十八年の内閣制度創設時の初代海相）、初代の海軍軍令部長は、中牟田《なかむた》倉之助であった。

それと同じ時期（明治二十六年五月十九日）に制定されたのが、戦時大本営条例（略して大本営令）である。日清戦争はその翌年八月一日に起こった。

「大本営」が法律用語として、初めて登場したのも、この大本営令においてである。

その第一条は「天皇ノ大纛《たいとう》下ニ最高統帥部ヲ置キ、之ヲ大本営ト称ス」と規定し、第二条は「大本営ニ在テ帷幄ノ機務ニ参与シ、帝国陸海軍ノ大作戦ヲ計画スルハ、参謀総長ノ任トス」となっている。

要するに、大本営とは陸海軍を統帥する天皇の本陣で、大纛（大きな旗の意）はその統帥の大権を象徴的に表現したもの。また「帷幄ノ機務」とは、その本陣での軍議・軍略ということだが、問題は「陸海軍ノ大作戦ヲ計画スルハ参謀総長ノ任トス」というところにあった。

これは新政府が建軍に当たって陸軍に重きを置いたためである。この「陸主海従」

の思想は、あとあとまで尾を引き、軍政上の組織は独立していても、作戦用兵面の統帥組織は、明治二十六年に至っても、陸軍に従属する形となっていた。海軍にとっては、面白くないところだ。

余談になるが、新政府は「討幕戦争」が終わって、薩・長・土・肥を主力とする諸藩の軍隊がそれぞれの国（諸藩は一種の独立国）に引き揚げてしまうと、手持ちの軍隊は皆無であった。

そこで明治四年（一八七一）二月、薩摩（鹿児島）、長州（山口）、土佐（高知）の三藩から歩兵九個大隊、騎兵二個小隊、砲六門を献上させて、兵員約四千名で御親兵（のちの近衛兵）を組織し、西郷隆盛を陸軍大将に任じて統率させた。

それに比べると、海軍の方はまだましで、新政府は幕府軍艦六隻を引き継いでいる。軍艦といっても、その多くは木造か鉄骨に木板を張った程度のもので、全部あわせても二千四百五十トン、太平洋戦争当時の駆逐艦一隻分くらいのものだ。

という次第で、明治政府は直属の軍隊、それも陸上兵力を保有することに精いっぱいで、海軍の方には手が回らなかった。

東京、名古屋、大阪、石巻（宮城県）、小倉（北九州）の四カ所に鎮台（のちの師団司令部）を置き、志願兵を募って訓練し始めたのは明治四年八月のことで、当時の総兵力は約四千名の御親兵に加えても、一万一千六百名である。

明治二年、陸海軍の事をつかさどる官庁として設けられた兵部省（次官相当の兵部大輔は大村益次郎）は五年に廃止され、陸軍省と海軍省が設置され、初代の海軍卿（のちの海軍大臣）に任命されたのが、幕末三舟の一人、勝安房《あわ》（海舟）である。他の二舟、高橋泥舟（槍の使い手で新徴組を統率）、山岡鉄舟（剣の達人で書をよくし、明治帝の侍従となる）ともども幕臣として徳川家の最期を飾った人達である。

明治二十七年（一八九四）の五月、清国との間に和戦を決する重大な会議が開かれた。

会議には、伊藤博文首相以下の全閣僚、山縣有朋枢密院議長のほか、陸軍からは当時〝作戦の神様〟のようにいわれていた参謀本部次長（総長は皇族）の川上操六中将、海軍からは当時まだ一介の大佐にすぎなかったが、西郷海軍大臣のふところ刀、山本権兵衛（のちの海相、首相）が出席した。

山本大佐は若いころ、西郷隆盛の紹介で勝海舟の門に入り、十八歳で東京・築地に開設されたばかりの海軍操練所（のちに海軍兵学寮と改称）へ第一期生として入所した〝海の薩摩〟自慢の幹材と目された人。かねてから軍令（作戦・用兵）の面で陸軍の下風に立つことをいさぎよしとしなかった。

清国との間に和戦を決する重大会議とあって、会議の冒頭、伊藤首相は、戦争に訴えざるを得ない事情を説明したあと、

「しかし、陸海軍の方で戦備に自信がなく、敗戦が明瞭であるというのなら、考え直さなくてはならない」

と述べ、陸海軍の所信を質《ただ》した。

これに対して、川上操六中将がまず口を開き、

「陸軍は、一年以内に清国軍を撃破して北京へ進軍し、敵をして城下の誓いをなさしめる自信がある」

と自信たっぷりに断言した。

海軍の方はどうか？　出席者の視線が集まる中で、山本大佐はおもむろにこう言った。

「川上中将閣下のお言葉から拝察すると、陸軍はよほど優秀な工兵隊を持っておられ

るようにお見受けする」

皮肉ともとれる山本の意外な言葉に、川上は一瞬鼻じろんだ。

「それがどうかしましたか。もちろん、陸軍の工兵隊は優秀である」

「それでは多分、陸軍はその優秀な工兵隊を使って、九州から朝鮮に橋を架け、兵隊を大陸にお渡しになるつもりでしょうな」

この一言は、鋭利な刃物のように出席者一人ひとりの胸をついた。山本は言葉を続けた。

「兵を海外に出そうと思えば、第一に海上権を制しなくてはなりませぬ。兵を輸送する場合に、艦隊を護衛につけたとしても、途中で敵艦隊に出会えば、わが艦隊は輸送船を顧みず、敵と決戦しなければなりません。わが国には、護送専門に回すほどの軍艦がないのに対して、清国はわれに二倍する軍艦を持っておるからです。まず敵艦隊を撃滅して、海上権を制しない限り、陸軍の兵を安全に大陸に輸送することが出来ないのは、自明の理ではありませんか」

これにはさすがの川上中将も返す言葉がなかった。

戦時大本営条例は、日清開戦と同時に初めて発動され、九月十五日には広島の第五師団司令部内に大本営が置かれた。

明治天皇は、司令部内の粗末な一室に起居され、早朝から深夜まで、軍服をお脱ぎにならず、野戦の将兵と共にいるおつもりで、陸海軍を統裁された。

日清戦争は勝利に終わり、大本営も二十九年（一八九六）三月末に解散した。が、山本権兵衛の戦いは終わっていなかった。

山本権兵衛の戦いは「海軍軍令部を真に独立させるためには、参謀総長に隷属する制度を改めて、両者同格で天皇に直属する形をとる」ことにあった。

明治三十一年（一八九八）十一月、西郷従道の後を襲って海軍大臣になった山本は、さっそく「戦時大本営条例」の改正案をまとめて、陸軍大臣の桂太郎に示した。要点は、条例第二条中の「参謀総長」を「特命ヲ受ケタル将官」と改正することにある。

つまり、参謀総長と軍令部長が並行して天皇に直属することが望ましいが、そうすると「軍令が二途に出る恐れがある」と陸軍側の反対することは目に見えているので、ひとまず両者を同格とし、その上に「特命ヲ受ケタル将官」を総幕僚長として置こうというわけだ。

「特命ヲ受ケタル将官」なら陸軍でも海軍でもいいわけだが、実際問題としては皇族が当てられようから、事実上、陸軍・海軍と同格化が実現することを見通してのことだ。

陸軍も、その辺のところは見抜いて、頑強に反対した。特に参謀総長になっていた川上操六将軍は、

「戦時大作戦の計画というものは、平素から国防全般について研究、知悉《ちしつ》している者でなくては立てられず、臨時に命を受けた人に出来るものではない」

と、そのような大任をこなせる者は、自分をおいて他にあるかといいたげな自負を言外に含ませて、反対の火の手をあげた。

その川上将軍も、三十二年五月に病没した。牙城《がじよう》の一角は消えたが、大本営条例の改正問題は、その後も紛糾を重ねた。しかし、いつまでもゴタゴタしておれなくなった。日露間の風雲が急を告げてきたからだ。

陸軍の最長老、長州の山縣有朋、薩摩の大山巌の両元帥が斡旋に乗り出し、明治三十六年（一九〇三）も押し迫った十二月二十八日、大本営の改正が決定、公布された。すなわち、

条例の第三条に、

「参謀総長及海軍軍令部長ハ、各其《その》幕僚ノ長トシテ、帷幄ノ機務ニ奉仕シ、作戦ヲ参画シ、終局ノ目的ニ稽《かんが》へ、陸海軍ノ策応協同ヲ図ルヲ任トス」

と定められ、さしも難航を極めた問題も解決した。

日露戦争は、明けて三十七年二月八日、仁川沖の海戦で火ぶたが切られ、十一日には改正された戦時大本営条例も発動されて、大本営が宮中に設置された。

といっても、それは陸海軍の最高首脳部による協同の戦争指導会議の場合だけで、作戦計画そのものは、参謀本部と海軍軍令部内で立てられ、協同作戦については随時、双方の関係官が会合して進められた。

時の幕僚長は、陸軍が元帥大山巌、海軍が大将伊東祐亨《すけゆき》であった。また戦争の全期間を通じて、海軍は山本海相、伊東軍令部長のコンビで戦い、陸軍は大山参謀総長が満州軍総司令官として前線に出たあと、山縣元帥が後任の参謀総長をつとめた。

大本営は、明治三十八年十二月二十日に解散され、その後、三十二年間は戦時大本営条例の発動はなかった。それがヘンな形で発動されることになる。

統帥とは何ぞや——話はちょっと脇道にそれるが、私が初めてこの問題に直面させられたのは、海軍大学校に甲種学生として在学中のことである。

戦略科の課目の中に、その「統帥」という重要課目があるわけだが、この課目は現役の戦略科教官によっても担当せられていた。

時の教官だった寺本少将の「統帥」には、完全にどぎもを抜かれた。

私たちは、海軍兵学校に入校して以来この方、「軍人ニ賜ハリタル勅諭」「日本の国体」「皇室の尊厳性」等について、何一つ批判することも許されなかったし、また批判しようともしなかった。

これは海軍だからというものではなく、日本全体についてもそうであった。これらの問題について、公然と挑戦していたのは、日本共産党だけではなかったろうか。

もとより、この話は海軍大学校の教室からは、一歩も外に出なかったのではあるが、これらの問題にメスを入れた『寺本統帥』には、正直なところ大いに驚いた。

「統帥」の課目は、最初の時間から『統帥とは何ぞや」から始まった。

「統帥とは何か？　会社の社長が社員を使うのも、統帥である。デパートの支配人が売り子を監理するのも、統帥である。奥さんが、女中さんを使うのも、これまた統帥である」

「しかし、諸君らのやらなければならない統帥は、砲煙弾雨の中の統帥である。すなわち、死生の境における統帥である」

「諸君は今、学生であるから、現在はいいようなものの、あすにでも学校を出て、部隊に配属されたならば、直ちに『統帥』に当たらなければならない。この重要なる統帥の本義をわれわれは、何に求めるべきであろうか……」

寺本教官の講義は、そういうところから始まって、「統帥の本義を、何に求めるか」ということに論点は集中されていった。

天皇の軍隊として、厳然たる存在を主張していた当時の軍隊では、統帥の由って来たる源泉は、軍人勅諭に求めるのが当然のこととされていた。

軍人勅諭に統帥の本義を求むるとすれば、天皇の属性、さらに進んでは国祖・天《あま》照大神《てらすおおみかみ》の属性について、究明しなければならなかった。

「しからば、軍人勅諭の中に『心だに誠《まこと》あらば、何事もなるものぞかし』とあるが、この誠とは何か？」

寺本少将の統帥の本義についての論議は、次第に核心に触れていく。

「君は、御勅諭に示されている誠を持っているのか」

「はい、私もいささかながら、誠心を持っています」

「君は、御勅諭の『心だに誠あらば、何事もなるものぞかし』のお言葉を一点の疑いもなく、肯定するか」

「肯定いたします」

「しからば、尋ねるが、拙者が今、この机の上に立てている白墨を、君はその位置から倒して見よ」

「それは無茶です、教官。御勅諭の誠は、そういう意味のものではありません」

「そうか。しからば御勅諭の誠は、無限の力を意味しているものではなく、力に限界があることになる。明治天皇の申された『心だに誠あらば、何事もなるものぞかし』ということは、一種の景気づけの言葉と解してよいか」

「いや、景気づけではありません」

「景気づけでなければ、この白墨が倒せるはずだ」

「…………」

　寺本教官は、さらに国体の問題に関連して、

「皇祖の御神勅に『天壌無窮』とあるが、諸行無常は宇宙の法則である。その中にお

いて、独りわが皇室のみ『天壌無窮』として、この法則の圏外に位するということは、ありうるのか」

というような問題についても、論議が進められた。

今なら、こんな論議が行なわれても、別に問題はない。しかし当時（昭和十一年ごろ）、国体明徴運動の激しい折でもあり、『寺本統帥』のような論議は、御法度《ごはっと》であった。これがもし、外部にもれたならば、寺本教官のみならず、海軍大学校そのものが、国体明徴論者の激しい糾弾を受けたであろう。

寺本教官自身も、

「この問題が外部にもれたら大変なことになる。しかし、ここは海軍における最高学府である。いかなる問題についても、いい加減の妥協や了解で済ますべきところではない。最高学府における最高学生である諸君であるからこそ、私はあえてこの問題をとりあげるのである」

と特に念を押しておられた。

『寺本統帥』の講義について、学生の一部は、邪道であるとして敬遠し、一部は真理探究に真剣なりとして賛美した。

学校当局においても、あまりにも深刻な講義について、続行是非論が出たようだ。そのいずれが正しく、いずれが間違っているかは別として、海軍将校のほとんど全部が、いまだかつて触れもせず、触れようともしなかった問題に深く触れたことの意義は大きい。

ある種の限定せられた思想の下で育て上げられた私たちに、究明しなければならない重要な世界が、まだまだ残されていることを教えてくれた。そして、統帥の任に当たるものに、深い反省を促した。

もっとも『寺本統帥』のショックを受けてから、十年も経たないうちに、この問題に現実にぶつかることになろうとは、夢にも思わなかった。

国民が広く「大本営陸海軍部」の存在を知ったのは、昭和十六年十二月八日の朝、電波によって伝えられた「米英軍と戦闘状態に入れり」との大本営発表が最初だった。だが、大本営は、大東亜戦争が始まってから設置されたものではない。実は、それより四年前、昭和十二年（一九三七）十一月二十日から、すでに宮中にあった。当時の陸軍幕僚長は元帥閑院宮載仁《ことひと》親王、海軍幕僚長は元帥伏見宮博恭《ひろやす》王である。海軍軍令部が、海軍の二字をとって、単に「軍令部」と称し、その長を参謀総長にならい、軍令部総長と呼ぶようにしたのは、それより先の昭和八年以降のことである。

支那事変（日中戦争）が本格化するに及んで、時の近衛首相は、明治憲法の改正による「政戦略の一致」を志したことがある。国務と統帥の矛盾・対立がようやく顕現化してきたからである。

近衛首相の考えとしては、憲法を改正して①統帥権の首相への委譲、②少数閣僚と陸海軍大臣による戦時内閣制、③首相の大本営列席――を実現することにあった。だが、結果的にはそのいずれの事項についても、閣内の同意を得ることはできなかった。

一方、当時の杉山陸相が「一カ月くらいで片づく」とみていた〝事変〟は、その後拡大・長期化の様相を呈し始め、陸海軍は統一した作戦指導のため、日露戦争が終結したあと一度も設けられたことのない「大本営の設置」を強く要望していた。

そうかといって、戦争でもないのに、戦時特例である大本営令をそのままの形で、適用することはできない。

というのは、支那事変は中国側の挑発により引き起こされたもので、わが国は在留邦人や正当な権益を守るため、やむなく出兵したものであり、「事変であって、戦争ではない」との建前をとっていたからである。

そこで「軍令」をもって、戦時大本営条例の第一条「天皇ノ大纛《たいとう》下ニ最高統帥部ヲ置キ、之ヲ大本営ト称ス」のあとに「大本営ハ戦時又ハ事変ニ際シ、必要ニ応シテ之ヲ置ク」という条文を追加し、この改正条例を昭和十二年十一月十七日に公布、三日後の二十日には宮中に、日清・日露以来三度目の大本営が設置されたわけである。

かくして、明治憲法を改正して、統帥権の首相への委譲などを志した〝近衛構想〟は消滅し、その代わり（にしては、お粗末な限りだが）、この大本営の設置に伴って設けられたのが、いわゆる「大本営・政府連絡会議」である。

これは官制に基づいた「決定機関」ではなく、政府と大本営との単なる連絡機関（開催日も不定期）だった。そんなこともあって、なんら有効な機能を果たすこともないまま、二カ月程度で〝休眠状態〟に入った。

これが復活したのは、第二次近衛内閣が成立した昭和十五年七月のことである。ところが、その復活第一回の連絡会議で、日本の将来を卜《ぼく》する重大な案件が、いとも簡単に決まることになる。

復活した「大本営・政府連絡会議」は、その第一回目の会議で、極めて重大な政策決定を行なっている。すなわち、武力による南進政策を盛り込んだ「世界情勢ニ伴フ時局処理要綱」がそれである。

同要綱は、大本営陸海軍部の提案によるものであった。が、その事柄の重大性にもかかわらず、政府はこれをウのみにした。

世上は、世界新秩序建設のムードに酔い、バスに乗り遅れるな！が流行語になっていた。

十五年十一月になると、今度は参謀本部の発案で「大本営・政府連絡懇談会」に衣替えする。この連絡懇談会は、従来の連絡会議が不定期だったのに対して、定期的に毎週木曜日、首相官邸で開かれる（注＝十六年七月の第三次近衛内閣になると、木曜日定期の連絡会議に加え、月・水・土曜日にも相互の情報交換の会も開かれる）ようになった。

不定期の大本営・政府連絡会議に「懇談」の二字が入って、定期的に開かれると、その位置づけは、どうなるのか。

「本会議ニ於テ決定セル事項ハ、閣議決定以上ノ効力ヲ有シ、戦争指導上、帝国ノ国策トシテ、強力ニ施策セラルベキモノトス」

というわけで、ぐっと重みを増し、さらに、

「本会議ノ設置ニ依リ、従来ノ臨御ヲ仰グコトナク、宮中ニ於テ行ハレタル連絡会議ハ自ラ行ハルルコト少ナカルベク。政府・統帥部ノ協議ニ依リ決定セラルベキ帝国ノ重要国策ハ、御前ニ於ケル連絡会議即御前会議ト本連絡懇談会ニ於テ決定セラルルニ至ルベシ」

と勿体《もったい》をつけたものになる。

しかし、いくら衣替えをしてみたところで、大本営・政府連絡（懇談）会議は、これまでの国務と統帥の対立を解消し、統一的な方向に持っていくものではなかった。両者は、どこまでも並行したままで、むしろ統帥部の側からすれば、政府の自律性をこの連絡会議によって、拘束しようとする狙いさえあった。

そこで政府は、「本会議ニ於テ決定セル事項ハ、閣議決定以上ノ効力ヲ有シ」とされていながらも、連絡会議の決定に基づいて、所要事項については改めて閣議決定の手続きを経て、実行に移していた。

他方、大本営は陸軍部と海軍部が並立し、実質的にはそれぞれ独立した統帥権の輔弼機関としての参謀本部と軍令部が存在していたに過ぎなかった。

要するに、日本の戦争指導体制は、機構の上では陸海軍統帥部が相互に独立して干渉を許さず、政府と統帥部は互いに拮抗《きっこう》し、仲をとりもつ「大本営・政府連絡（懇談）会議」が単なる連絡機関では、戦争指導に統一的な役割を果たし得なかったとしても不思議ではない。これはやがて戦時体制になっても、変わらなかった。

この点は、米国におけるルーズベルト大統領、英国におけるチャーチル首相の下における一元的な戦争指導体制とは、明らかに対照的な相違である。

十二月一日午前零時をもって、外交（日米交渉）打ち切りの期限とする——との重大事項が決められたのは、十一月一日の大本営・政府連絡会議においてである。

「あくまでも外交を主とするように」との御諚《ごじょう》を拝していた東條内閣が、対米和戦の最終方針を決定するために開いた歴史的なこの連絡会議は、午前九時に始まって、翌日の午前一時半まで続いた。

記録によると、課題は対米交渉についての次の三案である。

第一案は「臥薪嘗胆《がしんしょうたん》案」――たとえ米国の提案が、わが国の意にそわないものであっても、この際は戦争を回避して、臥薪嘗胆して他日を期する。

（注）中国・春秋時代の故事によるものだが、わが国では日清戦争あとの講和条約で得た遼東半島を露・仏・独の「三国干渉」によって還付させられた当時によく用いられた合言葉。この三国干渉（一八九五年）が、やがて北清事変、日露戦争などの原因になる。

第二案は「開戦決意案」――直ちに開戦を決意して、政略・戦略をこれに集中する。

第三案は「外交・作戦併行案」――戦争を決意して、作戦準備を進める一方、外交交渉も続行して、わが方の意志貫徹に努める。

第一案が議にのせられると、これは「最下策なり」として、反対の口火を切ったのは永野軍令部総長であった。

――他日を期するというが、米国の戦備は日を逐って強化されておる。これに反して、わが方は日ごとにジリ貧に陥りつつある。いま立たなければ、日米間の戦力の開きは大きくなるばかりである。やがて開戦の主導権は米国の手に握られてしまう。

というのが、永野総長の論旨である。

これに呼応して、杉山参謀総長からも、

——軍事的見地からして、十二月初頭に開戦するのが最適である。期間はあと一カ月しかない、一カ月で(日米)交渉がまとまることは、まずあり得ないことである。外交交渉を続けるとしても、それは開戦の企図を秘匿《ひとく》する手段としてやるべきである。

と主張した。

これに対して「臥薪嘗胆」による戦争回避を主張したのは、外相の東郷茂徳《しげのり》、蔵相の賀屋《かや》興宣《おきのり》の二人であった。

特に東郷外相は、

「たとえ(日米)交渉が不調に終わったとしても、日本の方から挑戦しない限り、米国の方から戦争を仕掛けてくるとは思えないので、自重すべきではないか」

と述べた。

これに対して、永野総長は、

「統帥部としては、敵の来たらざるを恃《たの》んで、安心していることはできぬ。三年もすれば、米国の軍備は著しく強化され、もはや戦おうにも戦えなくなるだろう」

と応酬して、論議はいつ果てるともなく続いた。

対米和戦の最終方針を決める大本営・政府連絡会議（十一月一日）は、第一案（自重和平）と第二案（即時開戦）をめぐって、永野軍令部総長・杉山参謀総長と東郷外相・賀屋蔵相との間に、激しい論争が続いた。

そこで、ひとまず第一案、第二案は置いて第三案（戦争を決意して、作戦準備を進める一方、外交交渉も続行して、わが方の意志貫徹に努める）を検討することになった。

ところが、この案についても「外交を主とするのか」「戦争を主とするのか」で意見が割れてまとまらず、結局「期限つき交渉」ということで収拾された。

では、その期限はいつまでにするか——陸軍側は「十一月十三日までで、それ以後では間に合わぬ」と主張した。

これに対して、海軍側は「十一月二十日までは外交を主としてもよいが、それ以後は開戦を決意すべきである」として、統帥部はその見解を異にした。

それまで黙っていた東條首相（陸相・内相兼任）は、初めて沈黙を破って、こう発言した。

「第三案の外交と作戦準備とを並行して行なう場合、第一の前提となるのは、外交交渉が成功した時に、間違いなく戦争発企をやめるという保証である。それが保証できるか？」

これに対して、永野軍令部総長、杉山参謀総長とも即答を控え、それぞれの作戦部長を別室に呼んで相談した。

その結果、外交交渉がうまくいって、戦争突入が避けられることになった場合、わが方の戦争発企を間違いなくやめられるぎりぎりの期限は「十一月三十日である」ということになった。

東條首相は、外交交渉を続ける期間は一日でも長い方がよい、という理由から、「十二月一日午前零時をもって、外交打ち切りの期限とする」ことに〝最後の断〟を下した。

この裁断は「あくまでも外交を主とせよ」という、天皇のご意思を体してなされた東條首相の精いっぱいの措置であったようだ。

戦争回避への努力

連合艦隊の山本司令長官が「軍機機密、連合艦隊命令作第一号」という詳細な作戦命令を発したのは、十一月五日のことである。

そして、三日後の十一月八日に、南遣艦隊を除く麾下各艦隊の司令長官、参謀長らを山口県の岩国海軍航空隊に集めて、最高指揮官として戦いに臨む決意を表明した。

作戦命令の要点は、

①十二月X日をもって、日本は米国および英国と戦端を開くこと。

②X日は十二月八日の予定であるが、後令（あとで下令）すること。

③機動部隊は千島・単冠湾《ひとかっぷ》に集結したのち、十一月下旬、同湾を抜錨し、北方航路をとって、ハワイに向かうべきこと――などである。

「全軍将兵は本職と生死を共にせよ」と述べたのもこの時のことだが、同時に、日米交渉成立の場合は「X日の前日午前一時までに出動部隊に対して、引き揚げを命ずる」と言明した時、居並ぶ指揮官の間にざわめきが起こった。

「軍機機密、連合艦隊命令作第一号」の下令に当たって、南遣艦隊を除く各艦隊の長官らに対し、その要点を述べ終わった山本長官は「ただし」とつけ加えた。

「目下、ワシントンで行なわれている日米交渉が成立した場合は、X日の前日午前一時までに、出動部隊に引き揚げを命ずるから、その命令を受けた時は、たとえどのような状況にあろうとも、ただちに反転、帰航してもらいたい」

居並ぶ各艦隊の司令長官とその幕僚たちは、思わずハッと息をのんだ。まず口を切ったのは、ハワイに向かう機動部隊の司令長官、南雲忠一中将である。

「えー、出て行ってから、帰ってくるんですか？　そりゃあ、無理ですよ。士気にも関することだし、第一、そんなことは、実際問題として、とてもできませんよ」

これに同調して、

「状況のいかんによっては、命令があっても、行動を中止できない場合もあるので、あらかじめ、ご了承を得ておきたい」

と注文をつけるような意見が出た。また一方では、

「それではまるで、出かかった小便をとめるようなものだ」

といった不満気な声もあった。

これらの発言を聞きとがめた山本司令長官は、きっとなって、こう言い放った。

「何を言うか、百年兵を養うは、何のためだと思っているのか。この一日のためではないか。長官の電命を受けて、帰って来れないような指揮官は、ただいまから出動を禁止する。即刻、辞表を出せ！」

と色をなして、叱りつけた。

この山本長官の叱責には、言葉を返す者は一人とてなかった。ただただ「全将兵は本職と生死を共にせよ」という戦いに臨んでの長官訓示の一語一語をかみしめるばかりであった。

山本長官にしても、不満気なそれらの発言を「命令軽視」という意味で受けとったわけではもちろんない。

艦載機の中には、受信能力の低いものもあるので、状況によっては攻撃に飛び立った艦載機の全機に対して、「引き返せ」という命令を徹底することの困難なことは、十分承知してのことである。

しかし、敵の本陣を目の前にして、血気にはやる者の中には、命令の不徹底を口実にして、無謀な行動に出る者が出ないとも限らない。

語気を強めて、艦隊指揮官に対して厳重注意を促した山本長官の心の中には、あるいは〝ご聖断〟による日米交渉成立への一縷《いちる》の望みが託されていたのかも知れない。

だが、十一月五日付で「連合艦隊命令作第一号」を発動した時点から、山本長官の口からは、一辺の反戦論は出てこなかった。

その心境は、献策がいれられないまま、従容として湊川《みなとがわ》の決戦に赴いた大楠公のそれに通ずるものがあったのではないか。

「大海令（大本営海軍部命令）第九号」をもって、軍令部総長から開戦命令が連合艦隊司令長官に下達されたのは、昭和十六年十二月一日のことである。

ワシントンでは「暫定協定」をめぐって、日米間の外交交渉が延々と続けられていた。

野村吉三郎大使を助けるため、日本政府は独自の交渉案を携えた来栖《くるす》三郎大使を特派して、局面の打開を図った。

だが、ハル国務長官は、中国や英国の不満を抑えて、暫定協定案を提示しても、もはや日本の攻撃を遅らせることはできないと判断した。十一月二十五日である。

この日、スチムソン陸軍長官は「日本軍の大軍が上海（中国）に集結し、輸送船団が台湾南方に見られた」との情勢をハル長官に伝えた。

ハル国務長官がルーズベルト大統領の同意を得て、翌二十六日、わが野村大使に手交した十項目からなる全般協定案、つまり日本に対して、満州事変（昭和六年）以前への復帰を求めたいわゆる「ハル・ノート」によって、交渉は事実上、決裂の段階を迎えていた。

かくして、昭和十六年十二月一日、廟議は「開戦」と決まり、同時に連合艦隊に対して次のような命令が下達された。

〈大海令第九号〉

昭和十六年十二月一日

奉勅　軍令部総長永野修身　山本連合艦隊司令長官ニ命令

一、帝国ハ十二月上旬ヲ期シ、米国、英国及蘭国《オランダ》ニ対シ開戦スルニ決ス。

二、連合艦隊司令長官ハ、在東洋敵艦隊及航空兵力ヲ撃滅スルト共ニ、敵艦隊東洋方面ニ来攻セバ、之ヲ邀撃《ようげき》スベシ。

三、連合艦隊司令長官ハ、南方軍総司令官ト協同シテ、速ニ東亜ニ於ケル米国、英国次デ蘭国ノ主要根拠地ヲ攻略シ、南方要域ヲ占領確保スベシ。

四、連合艦隊司令長官ハ所要ニ応ジ、支那方面艦隊ノ作戦ニ協力スベシ。

五、前諸項ニ依ル武力発動ノ時機ハ、後令ス。

六、細項ニ関シテハ、軍令部総長ヲシテ之ヲ指示セシム。

(注1)「大海令」というのは、大本営海軍幕僚長(軍令部総長)が勅命《ちよくめい》を奉じて、作戦部隊の長に対して伝達するもので、陸海軍を統帥する天皇の命令を意味している。従って「大海令」では、常に大綱だけを示し、具体的な作戦命令は「大海指」によって、軍令部総長が指示することになっていた。これを受けた作戦部隊の長は、これに準拠して、麾下の部隊に対し、それぞれ所要の命令を下すことになる。

(注2)南方軍総司令官とは、南方方面の作戦を担当する陸軍部隊の最高指揮官で、寺内寿一大将(のち元帥)で、当時、南仏印(現在のベトナム南部)のサイゴン市(現在のホーチミン市)に総司令部を置いていた。ちなみに「大海令」に相当する陸軍の奉勅命令は「大陸命」と呼ばれていた。

(注3)「大海令第九号」の第五項にある「武力発動の時機」については、翌十二月二日付で下達された「大海令第十二号」によって、「十二月八日午前零時」と定められる。

奉勅命令「大海令第九号」の第六項「細項ニ関シテハ、軍令部総長ヲシテ之ヲ指示セシム」に基づいて、同じ十二月一日、次のような作戦命令が「大海指第十六号」として、発出された。

〈大海指第十六号〉

連合艦隊ノ米国、英国及蘭国ニ対スル作戦ハ、別冊「対米英蘭帝国海軍作戦方針」ニ準拠スベシ。〈別冊〉一、二、四、五は省略。

三、連合艦隊司令長官ハ、左ニ依リ作戦スベシ。

(一)2F3F及11AFヲ基幹トスル部隊ヲ以テ南方軍ト協同シテ速ニ比島《フイリピン》、英領馬《マ》来《レー》、蘭印(オランダ領東印度＝現在のインドネシア)ニ於ケル敵ノ根拠ヲ覆滅シ、資源要地ヲ攻略スルト共ニ、敵艦隊及航空兵力ヲ掃蕩《そうとう》撃滅ス。

陸海軍協同作戦ノ要領ニ関シテハ、南方作戦海陸軍中央協定ニ依ル。

(注)2F3F及11AFとは、第二艦隊、第三艦隊および第十一航空艦隊の略符号。

(二)4Fヲ基幹トスル部隊ヲ以テ南洋群島方面ノ防備、哨戒、敵艦隊ニ対スル攻撃及交通線ノ保護ニ任ズルト共ニ、開戦劈頭「ウェーキ」島ヲ攻略シ、又陸軍ト協同シテ「ガム」(グアム島)、次イデ機ヲ見テ「ビスマーク」諸島ノ要地ヲ攻略ス。

(注) 4Fとは、第四艦隊の略符号。

(三)5Fヲ基幹トスル部隊ヲ以テ本邦東方海面ヲ哨戒シテ敵ノ奇襲ニ備エ、「アリューシャン」群島方面ニ対シ警戒スルト共ニ、小笠原群島方面ノ防備並ニ同方面ニ於ケル海上交通保護ニ任ジ、兼ネテ対露(対ソ)警戒ニ備フ。

(注) 5Fとは、第五艦隊の略符号。

(四)6Fヲ基幹トスル部隊ヲ以テ布哇《ハワイ》群島及米国西岸方面ニ於ケル敵艦隊ノ偵察、監視、奇襲、触接及海上交通線ノ破壊ニ任ズ。

(注) 6Fとは、第六艦隊の略符号。

(五)1AFヲ基幹トスル部隊ヲ以テ開戦劈頭布哇所在米国艦隊ヲ奇襲シ、其ノ勢力ヲ減殺スルニ努ム。

(注) 1AFとは、第一航空艦隊の略符号。

(六)南方要域ニ対スル攻略作戦一段落セバ、3F、KF及所要部隊ヲ以テ同方面ノ防備、哨戒並ニ海上交通保護ニ任ズ。
（注）３Ｆとは第三艦隊、ＫＦとは南遣艦隊の略符号。
㈦ＧＦノ主力ハ作戦全般ノ支援ニ任ジ、敵主力艦隊来攻セバ、連合艦隊ハ其ノ大部ヲ挙ゲテ、之ヲ邀撃撃滅ス。
（注）ＧＦとは、連合艦隊の略符号。
六、使用時ヲ中央標準時ト定ム。但シ、要スル場合ハ、海軍艦船使用時規則ニ依ル時刻ヲ付記スルモノトス。
七、宣伝謀略ニ関シテハ、別ニ指示ス。

かくして、Ｘ日（十二月八日）に向けて太平洋の風雲は急を告げていった。

そのころ、モスクワを指呼の間に望んでいたドイツ軍は、反攻に転じたソ連軍のために、開戦以来最初の敗北を喫していた。十二月六日のことである。

白紙還元の御諚もむなしく、再検討を経て十一月五日の御前会議で裁可された「帝国国策遂行要領」では、

――帝国は現下の危局を打開して、自存自衛を完うし、大東亜の新秩序を建設する

ため、この際、対米英蘭戦を決意し……

となっている。

東條首相の〝裁断〟で「十二月一日午前零時をもって、外交打ち切りの期限」と決めた十一月一日の大本営・政府連絡会議が、実質的には、開戦への進路を決めていたのである。

その連絡会議の結果を奏上すべく参内した（十一月二日）東條首相、永野軍令部総長、杉山参謀総長に対して、天皇陛下から重大なご下問があった。

それは、

「（開戦の）大義名分は、どのように考えているのか」

ということである。

開戦を決意したにもかかわらず、その大義名分にまで思い及んでいなかった東條首相は、

「目下研究中でありまして、いずれ奏上いたします」

とお答えし、急いで大本営陸軍部をして「開戦名目骨子案」を作成させ、検討に入ったということだ。

最大の問題は、戦争の見通しについて、当時の統帥部はどのように考えていたかである。

九月六日の御前会議で、再検討前の「帝国国策遂行要領」（対米英蘭戦争を辞せざる決意の下に概ね十月下旬を目途として、戦争準備を完整すること）を決定するに当たって、参謀本部が準備した質疑応答の資料（杉山メモ）が残っている。

それによると、

――対米英戦は、長期大持久戦に移行すべく、戦争の終末を予想することは、はなはだ困難にして、特に米国の屈服を求め得ることは、まずもって不可能と判断せらるるも、わが南方作戦の成果大なるか、英国の屈伏等に起因する米国輿論《よろん》の大転換に依り、戦争終末の到来必ずしも絶無にあらざるべし。

というのである。

また海軍でも、永野軍令部総長が十一月四日に開かれた軍事参議官会議の席上、

「開戦二カ年の間は、必勝の確信を有するも、遺憾ながら各種不明の原因を含む将来の長期にわたる戦局については、予見し得ない」

と述べている。

ただ、英米連合の弱点はイギリスにあり、海上交通の途絶とドイツ軍が英本土に上陸すれば、イギリスの屈服は可能であり、結局、アメリカの戦争意志の放棄も可能である——としていた。

こうした極めてあいまいな戦争見通しの裏には、陸海軍とも明確なドイツ軍情報を何一つ与えられていなかったのにもかかわらず、欧州におけるドイツの不敗を信じていたからであるにほかならない。

そのドイツ軍が、モスクワ包囲網を解いて敗走し始めたころ、大東亜戦争の火ぶたは切って落とされようとしていたのである。

〝討ち入り〟前夜

山本連合艦隊司令長官から「征途を祝し、成功を祈る」の壮行の辞を受けた機動部隊は、その翌日の十一月十八日、大分県佐伯湾をあとにした。

旗艦「赤城」を始め、空母六隻、戦艦二隻、重巡二隻、水雷戦隊十隻、それに潜水艦や特務（補給）艦を加えると三十一隻の堂々たる大艦隊だ。

機密保持のため、ひっそりと一艦また一艦、櫛《くし》の歯をひくように洋上遥か姿を消していった。全艦船とも出港と同時に、完全な無線封鎖を実施していた。

情報や命令の受領は、東京第一放送の通信系だけに頼ることとし、旗艦「赤城」も十八日午前九時出港後は、連合艦隊司令部や陸上との接触を一切断った。無言の行である。

針路は北（五十度東）――東京の遥か南を通過したのは、十九日の昼過ぎであった。

その時、ふっと脳裏をかすめたのは、一年前（昭和十五年）の十月十日のことである。

秋晴れの好天に恵まれたこの日、横浜沖では「紀元二千六百年特別観艦式」がいとも盛大に行なわれた。

特別観艦式指揮官を仰せつけられた山本司令長官は、この日の朝、お召艦「比叡」に天皇陛下をお迎えした。

巡洋艦「高雄《たかお》」が先導艦、同じく「加古《かこ》」「古鷹《ふるたか》」が供奉《ぐぶ》艦となって、天皇陛下は山本指揮官の奏上をお聞きになりながら、登舷礼式でお召艦をお迎えする「長門」を先頭に、五列に並んで東京湾を圧する連合艦隊の艨艟《もうどう》を閲《えつ》せられたのである。

お召艦「比叡」が、観艦式場の艦列の中を白波をけたてて進んでいる時、その上空には小沢治三郎少将の指揮する海軍航空隊つぶよりのパイロットが搭乗する戦闘機を始め攻撃機、爆撃機、それに水上偵察機、飛行艇など約五百機が鵬翼《ほうよく》をつらねて、艦隊の上に飛来、お召艦の左舷上空で次々に軽く機首を下げて敬礼すると、西へ針路をとり、澄み切った東京上空を通過して姿を消した——あの時の絵に画《か》いたような美しい光景が思い出された。

今にして思えば、あの特別観艦式場で勇姿を誇示した連合艦隊こそ、広く国民の前に見せた〝最後の姿〟だった。

あの日から一年あまり、時は移り、星は流れた。歴史はいま刻まれようとしている。

針路は一路、北へ——現在、ソ連（ロシア）によって不法に占拠されている北方領土の国後《くなしり》島のすぐ隣に位する択捉《えとろふ》島のちょうど中央、南側にある単冠《ひとかっぷ》湾に「赤城」が入ったのは、二十二日の朝だった。

それより先、青森県陸奥湾にあった海軍大湊《おおみなと》警備府では、軍令部の命令によって、海防艦「国後」を単冠湾に派遣していた。

同湾が、海軍の機密演習地になったことを一般に告知し、郵便局の通信事務を停止させ、さらに船舶の出入りを一切、禁止するという厳しい措置をとるためであった。

この措置は、十一月二十日から、機動部隊がいよいよハワイに向けて出撃する二十六日まで、厳重に守られていた。

十一月も末になると、千島列島の山々は白一色の寒々とした光景の中にあった。

機動部隊の集結地に選ばれた単冠湾は、南千島の択捉島の中央部、太平洋に面した横幅十キロ、奥行き十キロの岩の多い湾で、外部との接触を断っていた。

支援部隊の第三戦隊司令官、三川軍一中将（先任の次級指揮官で、南雲中将に事故ある場合は機動部隊の指揮をとる）が率いる戦艦「比叡」「霧島」を先頭に、機動部隊の各隊が次々とその姿を現わした。

そして最後に入港したのは、待ちに待った空母「加賀」であった。というよりも、加賀に積み込まれた改造魚雷の残りの分であった。

機動部隊が大分県佐伯湾を極秘のうちに出港する時、加賀は佐世保にいた。浅海《せんかい》雷撃用の安定機をつけた改造魚雷の残り百本を積んで、本隊のあとを追うことになっていた。

水深わずか十二メートルの真珠湾内で成果をあげるためには、沈下深度を十メートル以内にしなければならない。目的を秘して鹿児島湾水域で浅海面雷撃訓練が行なわれたが、在来型の魚雷ではどうにもならなかった。

機動部隊の佐伯湾出港を旬日後に控えて、雷撃の第一人者、村田重治少佐ですら「もう、どうにも手がない。艦爆隊の健闘にまつほかはない」とサジを投げた。ところが、暗夜に一条の光明がさした。航空魚雷に安定機をつけた「改造型魚雷」の完成である。

安定機が制式兵器に採用されたのは昭和十六年六月――その開発に心血を注いだ航空廠の片岡政市少佐（のち大佐）、空中実験に協力した横須賀航空隊第三飛行隊の功績は大きいが、当時、航空本部にあって雷撃兵器の生産を担当していた愛甲《あいこう》文雄少佐（のち大佐）の努力は非常なものであった。

浅海面発射用魚雷（九一式魚雷改二）の完成は、この愛甲少佐によって、考案された航空魚雷の空中雷道安定機を、窮余の一策で、水中雷道の安定機として使ってみたところ、案外うまくいったことから始まった。

これが村田少佐の率いる雷撃隊に渡れば、まさに「鬼に金棒」である。だが、生産が間に合うかどうか。当時、三菱兵器製作所の工作部長だった福田由郎氏によると、海軍省から、突然「九一式航空魚雷百本に安定機を取り付け、いつでも発射できるよう入念に調整して、十一月十五日までに佐世保軍需部へ完納せよ」

との電報命令を受けた。

三菱兵器製作所（岸本鹿子治《かねじ》所長）は、当製作所の能力では「十二月十五日でないと完成しない」旨返電したところ、折り返し「本命令は絶対なり。万難を排して遂行せよ」との指令に接して、これはただ事ではないと直感した。

法規を無視して、三十六時間連続作業（二日に十二時間休養）が決行された。従業員も以心伝心、決戦場に臨む気迫が全工場を包んだ。それでもなお間に合わない分は、北へ向かう加賀に乗り込んで全作業を完了し、単冠湾で退艦していった。

空母「加賀」を最後に、機動部隊は各艦それぞれに別行動をとりながら、単冠湾に集結を終わった。赤穂浪士が討ち入り前夜、そば屋の二階に集まったような感じだった。

航続力の小さい「赤城」や第二航空戦隊の各艦などは、艦内の各通路はもちろん、甲板上にまで錫《すず》ケース入りの重油をぎっちり積み込んだ。そして使用済みのケースは、すべて折りたたんで管理され、海上に放棄することを許さなかった。隠密行動を絶対に探知されてはならないための用心である。

単冠湾での私の仕事は、作戦命令と攻撃計画とを機動部隊の各級指揮官と飛行機隊幹部に、詳しく説明し、十分な打ち合わせを完了することであった。

作戦命令を作成するに当たって、最も気をもんだのは、ハワイへ向かう途中、中立国の船や米艦船に出合った場合どうするか。その処置である。

そのため、隊形を縦に長いものとし、前方の視界限度付近に三隻の潜水艦を配して、本隊が発見されることを阻止する構想だった。発見されるのは潜水艦だけにし、本隊は迂回《うかい》航路をとるように考えていた。

もし、途中で米海軍の艦艇に遭遇し、回避行動も間に合わず発見されたときは、「素知らぬ顔をして引き返す」ということにしていた。といっても、先方から攻撃を仕掛けてくれば、もちろん直ちに応戦して、徹底的に撃滅を図る計画であった。

この種の事項を命令の中に書き入れることは、あまり適当ではない。しかし麾下《きか》部隊に十分理解しておいてもらわないと困るので、この種のことは「参謀長依命申進事項」として、正式命令とともに麾下部隊に下達されるようになっていた。海軍で採用していた〝都合のいい〟方法でもあった。

元来、命令というものは、各部隊に対して単一明確な任務を簡潔な表現によって与え、将来のことを予想して「ああやれ、こうやれ」ということはやらない。命令の尊厳性を保つためにも、必要なことであった。

作戦命令作成に当たって、進撃の途上「母艦の飛行機を飛ばして、周辺を警戒すべし」との提案が出された。が、これは私の強い反対で、実施に至らなかった。

というのは、もし、周辺警戒機を出すとなると、その警戒機は敵機なり、中立国船を発見すると同時に、先方もこちらの飛行機を発見するであろう。ことに相手が練度の高い艦船の見張員である場合には、こちらが発見する前に、先方から発見される可能性もある。

何もわざわざ味方の正面幅を広げて、発見される機会を多くすることはない。飛行機を飛ばすとき、最も心配なのは「電波の輻射」である。もし、警戒機が機位を失して帰投方位を求めたり、エンジン故障等で不時着水を余儀なくされて、厳重な無線封止を破るようなことにでもなれば、それこそ「九仞《きゆうじん》の功を一簣《いっき》に虧《か》く」ことになる。奇襲成功までは、敵にそのことをさとられては「万事、休す」なのである。

作戦命令起案者の私には、ほかにも気になることがあった。

作戦計画の中でも、その中心となる空中攻撃の計画作成に当たって、最大の注意を払ったのは、奇襲と強襲の使い分けである。

空中攻撃の中核は、なんといっても雷撃隊である。率いるは百戦練磨の村田少佐であり、抱いていく改造型魚雷は、三菱兵器製作所が全力をあげて作戦に間に合わせてくれた九一式魚雷改二である。

この雷撃が成功するかどうか。それは、ハワイ作戦の成否に直結するばかりでなく、南方作戦の展開にも重大な影響を及ぼすことになる。

空中攻撃の命令にあっては、ある部隊は敵の戦闘機を目的とし、ある部隊は地上の敵機を目標とし、またある部隊は敵の艦船を攻撃するように、任務がそれぞれに与えられている。が、そのすべては、雷撃隊の攻撃を容易ならしめるか、あるいはその戦果を拡充するように仕組まれていた。

奇襲成功の場合は、総指揮官の信号弾一発を合図に、他の何ものよりもまず雷撃隊が突入しなければならない。他の部隊は雷撃隊の行動を邪魔しないように注意する一方、間髪を入れず、雷撃隊に続いて攻撃を敢行しなければならない。

もし「強襲」となった場合は、信号弾二発を合図に戦闘機隊がまず突進していって、空中の敵戦闘機を制圧し、雷撃隊を始め他の攻撃隊の進路を啓開しなければならない。

これには、機動部隊の擁する戦闘機隊の練度、零式艦上戦闘機（ゼロ戦）の性能から推して、われわれは安心して見ておれるだけの自信を持っていた。

問題は、敵の対空砲火である。フォード島の東西両岸に繋留《けいりゅう》する敵艦の列に対して、その真横から縦陣列で攻撃を加える雷撃隊は、敵にもし準備があるならば、その集中砲火を浴びることになる。

そうでなくても、低空で直進行動をする雷撃隊は、敵の対空砲火には弱い。そこで制空隊（戦闘機隊）の突進に続いて、水平爆撃隊は高々度爆撃により敵の艦船群を、また艦爆隊は急降下爆撃によって、フォード島の基地を攻撃、敵の対空砲火をけん制・制圧する。

これによる敵の対空砲火の混乱に乗じて、待ちかまえていた雷撃隊が一斉に突進していく——ということになっていた。

これらのことは、総指揮官となる淵田美津雄中佐（水平爆撃隊の指揮官兼務）と、十分な打ち合わせをすませていた。また同中佐から第一次攻撃隊の板谷茂少佐（制空隊指揮官）、村田重治少佐（雷撃隊指揮官）、高橋赫一少佐（急降下爆撃隊指揮官）に対して、ことこまかな指示が与えられていた。

奇襲でいけるか、強襲になるか——寒風ふきすさぶ単冠湾頭に在って、私は二通りの作戦命令を起案しながら、攻撃隊の淵田総指揮官以下、各指揮官ら全搭乗員の武運を祈らずにはおれなかった。

強襲の場合、もし風が西寄りに吹くと、フォード島爆撃によって燃える飛行機等の黒煙が、敵の艦船群に覆いかぶさって、雷撃隊は目標が見えなくなるのではないか。

これも心配の一つだった。

十一月二十四日午前、機動部隊の各級指揮官、幕僚、飛行機隊幹部は旗艦「赤城」に参集した。

南雲司令長官（機動部隊指揮官）は、参集者を前にしてハワイ作戦の門出に当たり、飛行機搭乗員に対して、次のように訓示した。（注＝仮名遣いを平仮名に直し、句読点を入れたほかは、原文のまま）

暴慢不遜《ふそん》なる宿敵米国に対し、愈々《いよいよ》十二月八日を期して開戦せられんとし、ここに第一航空艦隊を基幹とする機動部隊は、開戦劈頭敵艦隊を布哇《ハワイ》に急襲し一挙にこれを撃滅し、転瞬にして米海軍の死命を制せんとす。

これ実に有史以来未曾有の大航空作戦にして、皇国の興廃は正にこの一挙に存す。

本壮挙に参加し、護国の重責を双肩に担う諸子においては、誠に一世の光栄にして武人の本懐何ものかこれに過ぐるものあらんや。正に勇躍挺身、君国に奉ずる絶好の機会にして、この感激今日を措《お》きて又いずれの日にか求めむ。

さはあれ、本作戦は前途多難、寒風凜烈《りんれつ》、怒濤《どとう》狂乱する北太平洋を突破し、長駆敵の牙城に迫りて乾坤一擲《けんこんいってき》の決戦を敢行するものにして、その辛酸労苦固《もと》より尋常の業《わざ》に非ず。これを克服し克《よ》く勝利の栄冠を得るもの一に死中に活を求むる強靭敢為《きょうじんかんい》の精神に外ならず。

顧《かえりみ》れば諸子多年の演練により、必勝の実力は既に練成せられたり。今や　君国の大事に際会す。諸子十年兵を養ふは、只《ただ》一日これを用ひんがためなるを想起し、この重責に応えざるべからず。

ここに征戦の首途《かどで》に当り、戦陣の一日の長をもって、些《いささ》か寸言を呈せん。

一　戦捷《せんしょう》の道は、未だ闘はずして気魄《きはく》先づ敵を圧し、勇猛果敢なる攻撃を敢行して、速かに敵の戦意を挫折せしむるにあり。

二　如何なる難局に際会するも、常に必勝を確信し、冷静沈着事に処し、不撓《ふとう》不屈の意気を益々振起すべし。

三　準備はあくまで周到にして事に当り、些かの遺漏なきを期すべし。

今や、国家存亡の関頭に立つ。それ身命は軽く、責務は重し。

如何なる難関も、これを貫くに尽忠報国の赤誠と果断決行の勇猛心をもってせば、天下何事か成らざらん。
希《ねが》はくば、忠勇の士同心協力もって君恩の万分の一に報い奉らんことを期すべし。

南雲長官の訓示のあと、作戦命令の下達、参謀長依命申進あり、各参謀から担当事項について説明が行なわれた。

午後、各飛行隊の指揮官相互の打ち合わせに入ったころ、湾内は一段と激しい荒れ模様となった。そこで、機動部隊各艦の幹部搭乗員は全員「赤城」で一夜を明かすことになる。

ハワイに向けて単冠湾を出撃していく前日、二十五日の朝は機動部隊各艦の幹部搭乗員一同、旗艦「赤城」で迎えた。

世紀の大遠征作戦を前にして、生還を期する者とてなく、一同心ゆくまで飲み、かつ語り明かした。前夜の荒天は、まさに天の恵みだった。

長年、同じ海軍航空で生死を共にしてきた間柄である。しかもこの数カ月間は、すべてを真珠湾攻撃に賭け、同一機種、同一基地で、ともに猛訓練に明け暮れた。

宿志の果たされる日を目の前にして、感慨はひとしおのものがあった。夜が明けて、各艦に帰っていけば、空中で同じ編隊を組むことはあっても、地上で顔と顔とを見合わせて、話ができるのも、これが最後かも知れないのである。

腹の中では、今生《こんじょう》の名残りを惜しむ激情に耐えかねていたであろうが、それを表情や態度に出していたものは、ただの一人もいなかった。また決死行といった悲壮感を抱いていると思われるものもいなかった。

南雲長官を始め、われわれも遅くまで搭乗員たちと心ゆくまで一緒になって飲んだ。赤城の方でも、よくサービスしてくれた。長期航海のために仕入れていた生鮮食料のほとんど全部が提供された。お陰で、司令部員や赤城乗組員は、二十六日から始まる一カ月余りの航海中、毎日毎日、カン詰めばかりの〝ご馳走〟攻めにあうハメになるのだが、そんなことにはお構いなく、旗艦「赤城」でのいたれり尽せりのサービスに搭乗員の士気は、いやが上にもあがっていった。

《第一次攻撃隊の編制》

ハワイ空襲部隊は総指揮官、淵田中佐の下に次のように編制されていた。

▽第一集団（水平爆撃隊。主目標は戦艦、空母、甲巡）集団指揮官・淵田美津雄中佐＝第一攻撃隊指揮官・淵田中佐、第二攻撃隊は橋口喬《たかし》少佐、第三攻撃隊は阿部平次郎大尉、第四攻撃隊は楠見正少佐
▽第一集団（特別攻撃隊・雷撃隊。主目標は戦艦、空母、甲巡）集団指揮官・村田重治少佐＝特第一攻撃隊は村田少佐、特第二攻撃隊は北島一良大尉、特第三攻撃隊は長井彊《つよし》大尉、特第四攻撃隊は松村平太大尉
▽第二集団（急降下爆撃隊。目標フォード島航空基地、ヒッカム航空基地等）集団指揮官・高橋赫一少佐＝第十五攻撃隊は高橋少佐、第十六攻撃隊は坂本明大尉
▽第三集団（制空隊。攻撃隊掩護、地上の敵機攻撃）集団指揮官・板谷茂少佐＝第一隊は板谷少佐、第二隊は志賀淑雄大尉、第三隊は菅波政治大尉、第四隊は岡島清熊大尉、第五隊は佐藤正夫大尉、第六隊は兼子正大尉
以上、第一次攻撃隊各指揮官の所属空母は、淵田中佐、村田、板谷両少佐は赤城。橋口少佐、北島、志賀両大尉は加賀。阿部、長井、菅波の三大尉は蒼龍。楠見少佐、松村、岡島両大尉は飛龍。高橋少佐、兼子大尉は翔鶴。坂本、佐藤両大尉は瑞鶴である。

第二次攻撃隊は、第一次攻撃隊の挙げた戦果を拡充し、また敵基地飛行機の反撃を封じる役目が与えられた。

総指揮官は淵田美津雄中佐だが、第二次攻撃隊指揮官には、瑞鶴の飛行隊長・嶋崎重和少佐が選ばれたほか、第三集団（制空隊）の第二制空隊指揮官に、二階堂易《やすし》大尉が任命されていた。

私が二階堂大尉の試飛行を最初に見たのは、イギリス駐在二年の勤務を終えて帰朝後間もないころ、空母「加賀」での訓練飛行においてであった。

その時、二階堂大尉は九六式艦上戦闘機を駆って、逆宙返りを軽々と数回連続してやってのけた。

これを見ていた私は「どえらいパイロットが出てきたものだ」と驚いたことがある。あとで話を聞くと、一カ月に八十時間以上飛ばないと「身体の調子が出てこない」というすごい猛者《もさ》だった。

鹿児島県の出身で、現在、自民党の幹事長として令名の高い二階堂進氏の実弟に当たる二階堂易大尉は、真珠湾攻撃で〝どえらいパイロット〟ぶりを存分に発揮したあと、ミッドウエー海戦で惜しくも散華した。

生かしておきたかった海軍航空隊屈指の名パイロットの一人であった。

《第二次攻撃隊の編制》

▽第一集団（水平爆撃隊。主目標フォード、ヒッカム、ホイラー、カネオへ各基地の格納庫と地上の敵機）集団指揮官・嶋崎重和少佐＝第六攻撃隊は嶋崎少佐、第五攻撃隊は市原辰雄大尉

▽第二集団（急降下爆撃隊。主目標は空母、甲巡、戦艦、駆逐艦）集団指揮官・江草隆繁少佐＝第十三攻撃隊は江草少佐、第十四攻撃隊は小林道雄大尉、第十一攻撃隊は千早猛彦《たけひこ》大尉、第十二攻撃隊は牧野三郎大尉

▽第三集団（制空隊。攻撃隊掩護、各航空基地襲撃）集団指揮官・進藤三郎大尉＝第一制空隊は進藤大尉、第二制空隊は二階堂易大尉、第三制空隊は飯田房太大尉、第四制空隊は能野澄夫大尉

以上、第二次攻撃隊各指揮官の所属母艦は、嶋崎少佐は瑞鶴。市原大尉は翔鶴。江草少佐、飯田大尉は蒼龍。小林、能野両大尉は飛龍。千早、進藤両大尉は赤城。二階堂、牧野両大尉は加賀である。

第二次攻撃隊の指揮官に選ばれた嶋崎少佐は、瑞鶴の飛行隊で、兵学校五十七期だが、第一次攻撃隊に第一、第二航空戦隊の主力が充当された結果、橋口喬少佐、高橋赫一少佐などの先輩をさしおいて、真珠湾に対する第二次攻撃隊を指揮する幸運に恵まれた。

だが、嶋崎少佐はその幸運をはずかしめないだけの器量を持った空中指揮官であった。

あれは確か十一月初め、機動部隊の模擬演習が終わった夜のことだ。各飛行隊指揮官が打ち揃って、鹿児島市内のさる料亭において、一席の宴を張った時のことである。得意の浪曲をひとしきりうなっていた嶋崎少佐が、突如としてその口演をやめ、つかつかと私のところへやってきた。

「参謀、この着想は、もともとだれだったんですか?」

「もちろん、山本長官だ。それ以外のだれでもない」

「偉いもんですなあ！　こんな思い切ったことをやる人がいるとは思わなかった。私も飛行機乗りになったかいがあるというもんです。私は今まで、明治維新の志士などの伝記を読み、この人たちは張り合いのある時に生まれ合わせてよかったなあ、とうらやんでいましたが、もう、ちっともうらやましくはありません」

こういう空中指揮官であったればこそ、いまだ練度の十分あがっていない第五航空戦隊の飛行機隊を率いて、第一、第二航空戦隊にも伍《ご》して遜色のない戦果を挙げることができたのである。

ずっとあとになるが、東ニューギニアのポートモレスビー攻略をめぐって十七年五月五日～八日にわたって展開された珊瑚《さんご》海海戦では、第五航空戦隊の雷撃隊を率いて出撃、真珠湾で討ちもらした米空母「レキシントン」を見事に葬り去った殊勲者は、この嶋崎少佐である。

第二次攻撃隊第二集団の第十一攻撃隊指揮官・千早猛彦大尉は、赤城の艦爆隊の分隊長だ。彼は昭和十五年、零式艦上戦闘機で横山保大尉指揮の下、重慶を始め大陸奥地を攻撃し、戦闘機による空中戦闘と地上銃撃こそは、制空権獲得のため最良の戦法であることを立証した。

その時、事前の敵情偵察あるいは戦闘機隊を誘導するために、無武装の九八式陸上偵察機（訪英飛行に使った「神風型」を陸偵に衣替えしたもの）を駆使して、大胆不敵な行動をやってのけたことがある。当時、漢口方面で海軍航空隊を指揮していた大西瀧治郎少将も、この千早大尉を高く買っていた。

南雲司令長官の訓示（十一月二十四日午前）のあと、各担当参謀からそれぞれの担当事項について説明のあったことは、先述の通りだが、作戦命令の中の通信計画についての説明は通信参謀の小野寛治郎少佐がやった。

あとになって、一躍有名になる「トラ・トラ・トラ」という隠語（われ奇襲に成功せりの意味）は、この小野参謀が作ったもので、他の隠語ともども一緒に説明した。

小野少佐が説明した中で、

「攻撃隊が発艦した後も、いよいよ攻撃行動に移るまでは厳重な無線封止を実施するのであるが、万一、エンジンでも故障して、洋上に不時着水などするような場合には、救助行動の関係もあるので、位置通報をやっても差し支えない」

というくだりがあった。

普通の場合ならば、たとえ作戦行動中でも位置報告や僚機が残って、監視をつづけるなどのことはやるのである。

第一航空艦隊の通信参謀・小野寛治郎少佐の発言が終わるや否や、すっくと立ち上がったのは、第二次攻撃隊第二集団（急降下爆撃隊）の第十一攻撃隊指揮官・千早猛彦大尉である。

「この日本がのるかそるかの大決戦に、どんな理由があろうとも、攻撃前に電波を輻射することは、反対であります」

次いで、並いる搭乗員に千早大尉はこう呼びかけた。

「どうだ、われわれはエンジンが止まったら、黙って死んでいこうじゃないか」

かくして、攻撃前に電波輻射を行なうことは、絶対にやらないことに決定したのである。

これは、攻撃が終わってからのことであるが、高橋赫一少佐（第一次攻撃隊第二集団の集団指揮官）の率いる翔鶴艦爆隊（急降下爆撃隊）の一列機（操縦員＝一等飛行兵・岩槻国夫、偵察員＝一等飛行兵・熊倉哲三郎）は、帰路を失した。

司令部としては、ここまで電波の輻射や母艦に帰投方位を要求することを禁じていたわけではないのだが、搭乗員の独自の判断で、この艦爆は母艦に帰投方位を要求することを断念し、「われ不時着す」と報告した後、自己の失敗で飛行機を失うことを陳謝し、「天皇陛下万歳」を最後に行方不明となった。

帰投方位を要求すれば、母艦の位置が敵に探知されることを恐れたためである。

——このような飛行機がほかにもあったかもしれないが、無線帰投を母艦に要求した飛行機は、ただの一機もなかった。従って、単冠湾でいろいろ心配して打ち合わせたことは、取り越し苦労に過ぎなかった。

と戦史叢書《そうしょ》『ハワイ作戦』は記している。

千早大尉の性格を物語るエピソードには、こんなものもある。

暗夜の北太平洋をまさに鞭声粛々《べんせいしゆくしゆく》と進んでいた機動部隊の旗艦「赤城」の艦橋には、当直将校として千早大尉、副直将校として千早大尉の部下の大淵中尉が立っていた。

ハワイ空襲計画の中には、攻撃後、戦闘機を誘導して、母艦に連れて帰る任務を千早大尉の指揮する艦爆隊に与えてあった。命令を起案した私としては、千早大尉の性格を考慮に入れて、

「この男なら、相当な無理をしても、必ず戦闘機隊を収容し、無事、母艦に連れて帰ってくれる」

という計算があった。

これに大淵中尉は不審を抱いたらしい。

「分隊長、航空参謀はどうして、航続力の少ない艦爆に戦闘機を誘導させ、航続力の長い艦攻を先に帰るようにしたんでしょう」

と訊ねたところ、千早大尉はこう答えたという。

「まあそう言うな。参謀も年をとって頭が古いんだよ。燃料が少なくなったら、機体をちょっと傾けて飛べば、片方の翼の燃料が反対の翼に移るから、しばらくは飛べるよ」

必殺決死の覚悟

出撃を前にして、旗艦「赤城」に泊り込んだ機動部隊各艦搭乗員との〝最後の宴〟も果て、個室に帰って書類に目を通していた私のところへ、加賀の艦攻隊を無敵雷撃隊に仕上げた〝躍起者〟の一人、鈴木守大尉がやってきた。

「航空参謀、今度はどんなことがあっても、必中を期して発射しなければなりません。いくらの距離で魚雷を投下すればよいと思いますか？」

「それは、君の専門だろう。自分で定めるべきだよ。だが、いくら近い方がいいといっても、魚雷が調定深度に安定するだけの距離は、とらなければならないと思うがね」

「わかりました。私は六百メートルで発射します」

と言って帰って行った。

事実、彼は六百メートルまで肉薄して発射したらしい。その後、敵弾を受けて、自爆したため、帰って来なかった。

また攻撃に参加した翔鶴の艦攻隊の中に、管野兼蔵一飛曹の指揮する一機があった。操縦員は一飛曹大久保優、電信員は三飛曹石原芳雄である。

この管野機が真価を発揮したのは、敵基地の爆撃をやった真珠湾ではなく、年が明けて十七年五月八日、第五航空戦隊が敵の機動部隊と珊瑚海で戦った時である。

日米両海軍が最新型母艦を繰り出して、初めて四つに組んで戦ったもので、近代海戦のあり方を如実に示した。管野機は、この歴史的な海戦で壮烈極まることをやってのけた。

五月八日早朝、索敵のため母艦「翔鶴」を発進した管野機は、敵の機動部隊を発見するや、直ちにこれに触接し、適時適切な情報を十二通も発信して、わが部隊の作戦指導に大きく寄与した。それだけでも、大手柄なのである。

時間も経過し、燃料も残り少なくなったので、帰途についた。が、途中で敵機動部隊攻撃のため進撃中のわが飛行機隊に出会った。管野機からの詳しい敵情報に基づいての出撃である。

普通ならば、味方指揮官機のすぐそばまできて、手で合図して敵情を知らせ、翼を翻してそのまま帰途につくのだが、管野機はそうしなかった。

突然、百八十度の針路転換をやって、高橋赫一少佐の率いる攻撃隊の先頭に占位した。

味方の攻撃隊が敵機動部隊を取り逃がすことのないよう、みずから万難を排して〝道案内〟を買って出たわけである。

ここで反転しても、もはや母艦に帰り着くまでの燃料がないことはわかりきっていた。ならば、せめて〝先陣〟を承って、珊瑚海に散ろうという決死の覚悟がみえた。

高橋指揮機以下の攻撃隊は全機、死を決して先頭に立った管野機に誘導されて、決戦海面へ殺到していった……。

——時計の針は、十一月二十五日午前零時をすでに回っていた。単冠の湾内はまだ荒れている。ハワイ・真珠湾の模型を初めて見せられた搭乗員一同の興奮は、やがて大きな決意へと変わっていった。

こうして、出撃前日の嵐の夜は明けた。

機動部隊は、十一月二十三日付で、作第一号から作第三号までの機密命令を下令した。

第一号は作戦方針、兵力部署、各部隊の行動、第二号は通信計画、第三号はハワイ空襲計画について、それぞれ具体的に定めたものである。

いずれも、ハワイ方面から伝達されてきた最新情報などを参考にしながら起案したもので、臨機の措置は「参謀長依命申進」によることにした。

「機密　機動部隊命令　作第一号」には、その冒頭に次の作戦方針が定められている。

〈作戦方針〉

機動部隊竝《ならび》ニ先遣部隊ハ極力其ノ行動ヲ秘匿シツツ布哇方面ニ進出　開戦劈頭　機動部隊ヲ以テ在ハワイ敵艦隊ニ対シ奇襲ヲ決行シ之ニ致命的打撃ヲ与フルト共ニ　先遣部隊ヲ以テ敵ノ出路ヲ扼《やく》シ極力之ヲ捕捉攻撃セントス

空襲第一撃ヲX日〇三三〇（注＝午前三時三十分）ト予定ス

空襲終ラバ機動部隊ハ速ニ敵ヨリ離脱シ一旦内地ニ帰還　整備補給ノ上　第二段作戦部署ニ就ク

敵艦隊　我ヲ邀撃セントスル場合又ハ敵有力部隊ト遭遇シ先制攻撃ヲ受クル虞《おそ》レ大ナル場合ハ　X日以前ト雖《いえど》モ之ヲ反撃撃滅ス

機動部隊の主隊は、空襲部隊（指揮官・第一航空艦隊司令長官）、警戒隊（同第一水雷戦隊司令官）、支援部隊（同第三戦隊司令官）、哨戒隊（同第二潜水隊司令）、ミッドウエー破壊隊（同第七駆逐隊司令）、補給隊（同極東丸特務艦長）によって構成され、「X－12日〇六〇〇全軍単冠湾出撃」となるわけだが、この主隊のほかに「先遣部隊」が隠密裏に出撃して、監視配備についていた。

この先遣部隊は、第六艦隊（司令長官・平田昇中将）に属する潜水艦部隊で、第一潜水戦隊（五隻）、第二潜水戦隊（六隻）、第三潜水戦隊（九隻）、特別攻撃隊（五隻）からなっていた。

機動部隊命令によると、

「先導部隊ハ隠密進撃、監視配備ニ就キ機動部隊ノ空襲決行後ハ極力敵艦隊ヲ捕捉攻撃シ、機動部隊ノ避退ヲ容易ナラシム」として、およそ次のような任務が与えられていた。

第二、第三潜水戦隊はX－1日（開戦前日）の夜明け前にまた敵艦隊監視の配備につき、同日夕刻までに敵の所在（特にラハイナ泊地における敵艦の在否）を偵知報告する。また潜水艦一隻はX日〇三〇〇（午前三時、攻撃開始三十分前）までにニイハウ島の風下に占位して、不時着機の搭乗員を救助した上、原隊に復帰する。

第一潜水戦隊はX日黎明《れいめい》までに特令がなければG散開線（注＝オアフ島の北方約百カイリ）につき、敵の出撃に備えるとともに、機動部隊の対空哨戒と飛行機警戒に当たる。敵が出撃すれば、その進路を扼するごとく行動し、極力これを攻撃する。

特別攻撃隊は、開戦前日の夜、真珠湾口付近で五隻の特殊潜航艇を進発させ、X日かその翌日の夜、ラナイ島西方海面でその乗員を収容したのち、第一潜水戦隊の所属下に入ることになっていた。

「特殊潜航艇」の原型を考え出したのは、昭和七年（一九三二）当時、艦政本部で水雷兵器担当の第二課長・岸本鹿子治大佐で、ハワイ作戦実施に当たって、その成否のカギとなった浅海面用改造魚雷の生産調達に努力してくれた三菱兵器製作所の所長であった。

日本海軍が誇りとしていた酸素魚雷（注＝石油の代わりに酸素を燃料とした魚雷で、

駛走《しそう》力が強い上に気泡を出さないので、発見されにくい）の考案者でもある岸本大佐が、日露戦争当時、横尾敬義少尉が魚雷を抱いて敵艦に体当たりしようとしたことにヒントを得たものとされている。

昭和七年の夏、岸本大佐は命令系統を飛び越えて直接、伏見軍令部総長宮に、いわゆる人間魚雷の試案をお見せした。宮は、

「人間は乗せたまま、ぶっつかるのではないだろうね」

と危惧された。

「決死的ではありますが、搭乗員を収容する方法はあります」

と岸本大佐がお答えしたので、宮も乗り気になられ、その研究開発を海軍省に要請するに至った。

軍令部総長宮のお声がかりで始まった研究開発は、艦政本部内に設けられた秘密の委員会が中心となって、その年の八月から設計にとりかかり、十月には呉海軍工廠の魚雷実験部に「試作」を命じるという、異例のスピードで、ことは運んだ。

そして翌八年の八月、設計開始一年にして第一次の試作品が出来上がり、瀬戸内海で性能実験を重ねたのち、九年の夏には高知県宿毛《すくも》湾外で、いよいよ外洋実験を実施

するまでになった。

この「新兵器」を艦隊決戦用に使うためには、数も相当多くつくらねばならないし、決戦海面まで運ぶ方法も考えねばならなかった。

そこで機密を保持するために、その搭載艦を「水上機母艦」として建造することになり、また「新兵器」の呼称も、最初は「対潜爆撃標的」または「A標的」、のちには「TB模型」とか「H金物」と呼ばれていた。

その間、改良試作は繰り返され、制式兵器として採用されたのは、昭和十五年九月である。この年の四月末と六月末に呉海軍工廠で完成した「甲標的」二基を水上機母艦「千代田」に搭載して、愛媛県沖の伊予灘で発進実験した結果、二十一・五ノット（四十キロ）の速度で約五十分航走し、しかも「相当な波浪でも襲撃可能」という成績を収めるに至ったからである。

記録によると、この「甲標的」は全長二十三・九メートル、排水量四十三・七五トン、乗員二名、四十五センチの発射管二基を備え、六百馬力の電動機で二十一・五ノットで五十分、六ノットなら八時間の航続力を持っていた。

昭和十六年に入ると、建造も急ピッチで進められ、八月末には母艦一隻分（十二基）が完成していた。また搭乗員の訓練も一月から本格化し、四月には第一期搭乗員として岩佐直治中尉（のち二階級特進して少佐）以下士官十名、下士官十二名が発令された。

艦隊決戦用として開発、建造された「甲標的」がなぜ奇襲用に転用されたのか。

艦隊決戦用兵器として建造された甲標的（のちの特殊潜航艇）は、情勢の変化で、その機会（艦隊決戦）は少ないのではないかと考えられるようになった。

そこで第一搭乗員の一人、岩佐直治中尉は、万一の場合、開戦劈頭に敵艦隊の根拠地に潜入、奇襲を敢行することを研究し、上司にその意見を具申した。真珠湾奇襲攻撃の計画は、もちろん知らなかった。

たまたま甲標的の訓練状況を見に来た軍令部の有泉龍之助中佐がこれを聞いて、九月初旬、岩佐中尉、原田覚大佐（母艦の千代田艦長）を伴って、連合艦隊司令部に山本司令長官を訪れ、甲標的による真珠湾攻撃計画の採用を願い出た。

これに対して山本長官は、

「攻撃後に搭乗員を収容する見込みのないような計画は、採用できない」

と却下した。

生還の見込みのない計画は採用できないのならば、その見込みのある計画にしなければならない。

そこで、甲標的の航続時間を延長し、電波を出してその位置を味方の潜水艦に知らせるような方法を研究し、再度嘆願に及んだ。しかしそれでもなお山本長官は、

「敵の警戒厳重な海面では、収容の確実性がない」

として、許可しなかった。

昭和九年ごろ、第一航空戦隊の司令官だった山本五十六少将は、直属の部下で大尉の私（龍驤分隊長）に、

「日露戦争のとき、旅順口閉塞の命令に、東郷長官が最後の承認を与えられたのは、閉塞船乗組員の収容方法について目途がついたときであった。最高統帥に当たるものは、死の一〇〇%の命令は出せるものではない」

といわれたことがある。

その山本長官も、甲標的搭乗員の熱意にほだされてか、十月上旬に長門艦上での図上演習には、甲標的あらため特殊潜航艇が参加していた。

奇襲攻撃用兵器となると、改めて大型潜水艦五隻からなる特別攻撃隊を編制、各艦

の甲板に一隻ずつ特殊潜航艇を背負って、発進点まで運ぶことになる。計画が変更されると、それに即応する準備がいる。短時日に、しかも極秘にである。

十月下旬、大分県佐伯湾付近で訓練中だった第三潜水戦隊の佐々木司令官は、第六艦隊司令長官から突然、潜水艦五隻を至急、呉に回航して「特別工事を施工する」よう命令されて驚いた。何のためかは、呉に回航して知った。特殊潜航艇の母艦になるためであった。

一方、特殊潜航艇部隊は、九月中旬ごろからその湾口が真珠湾のそれに似ている高知県宿毛湾中の中城湾に移って、必死の訓練を開始した。その間に艇の改造もやらなければならず、結局、どちらも不十分だった。このことが、不確実な戦果と全員未帰還という不運な結果につながった。真珠湾作戦のあと、

「航空部隊が、あれほどの戦果をあげるなら、何も特別攻撃隊（特殊潜航艇）を使うのではなかった」

と悔まれた山本長官は断腸の思いだったに違いない。

機動部隊が錨《いかり》を捲いて、択捉島の単冠湾を出撃したのは、十一月二十六日（水曜

日）である。天候は寒気厳しく荒れ模様。夜明けの湾内には、濃い霧が流れていた。

午前六時――警戒隊（水雷戦隊）の抜錨に始まり、揚錨機が捲き上げる錨鎖《びょうさ》のきしみが湾内に響き渡った。各艦のタービンが回り始め、スクリューが力強く水を切った。警戒隊に続いて第八戦隊（巡洋艦隊）、第三戦隊（戦艦隊）、哨戒隊（潜水艦隊）、空母部隊の順序で単冠湾をあとにして、北太平洋の荒海へとおどり出ていった。

旗艦「赤城」のスクリューにワイヤーが巻きついて、錨が揚がらなくなって三十分ほど出港が遅れたほかは何事もなく、内地出港以来の〝無言の行〟は一段と厳しく続いていた。

機動部隊の隠密行動をより完全なものにするため、択捉島から本土・北海道方面への交通、郵便物の送り出しは厳重に差し止められていた。

また内地出港後も、機動部隊の飛行機隊が内海西部方面で訓練中のようにみせかけるため、西日本方面の海軍航空隊は、機動部隊の母艦や飛行機隊の呼び出し符号をさかんに使って通信訓練を実施していた。

航空母艦の内地出港は、日本人の目からも隠さねばならなかった。九州各地で猛訓練していた第一航空艦隊所属の飛行機隊が基地を離れたあとには、すぐ第十二連合航空隊（練習航空部隊）の飛行機がそれらの基地に進出して、それまでと同じような訓練を続行した。

そのため、鹿児島市内外の人々からは、低空を飛ぶ飛行機の爆音に対する苦情が絶えなかった。また日本中の陸にいる海軍部隊は、できるだけ多くの者を外出させ、紺の海軍制服姿が、いつもと変わらず町々に見られるようにもした。

部隊がどこに向かっていくのか、推測されるような情報が流れないように、機動部隊の乗員には防暑服と防寒服を一緒に支給した。また無線封止を完全にするため、ある艦では送信機のキイに封印をしたほどである。

さらに機動部隊への情報や指令が内地出港後には増加すると予想されたので、それをカムフラージュするため、出港の数週間前から海軍各部の無線の通信量を著増させる措置もとられ、九州からはあたかも第一航空艦隊がまだ同地にいるかのような、ニセの通信がさかんに送信されもした。

それというのも、機密の保持が真珠湾奇襲作戦を成功させる最大の要件だったからである。これらの措置は、機動部隊の要請で、連合艦隊司令部、海軍中央当局によって細心の心配がなされていたのであった。

その効果かどうかは明らかでないが、日本海軍の呼び出し符号から第一航空艦隊の所在をかなりよく探りあてていた米国海軍の無線諜報部も十一月十七日付でキンメル大将（米太平洋艦隊司令長官）にあて「航空母艦の大部分は呉、佐世保方面にある」と報告している。

そして十二月一日に至っても、なお、日本の航空母艦の大部は「本国の水域にある」と米国側は判断していたようだ。

十一月二十六日、曇天。洋上に出てみると、海面は予想したよりも静かであった。加うるに、海霧がしばしば訪れて、視程を低くして、隠密行動を助けてくれる。この分だと、心配していた燃料の洋上補給も大丈夫だろう。北海道・美幌《びほろ》基地にあった木更津航空隊の陸上攻撃機が、前路を哨戒しつつ、壮途を見送ってくれた。

十一月二十七日、空は晴れたが、波は高く、艦の動揺が激しい。警戒隊（水雷戦隊）に対する第一回の燃料補給が行なわれた。

十一月二十八日、曇天。波高く、艦の動揺は依然激しい。翔鶴、瑞鶴以外の母艦に対する燃料補給が無事に行なわれた。新聞電報は「二十六日、ハル国務長官から、わが方の提案に対して最終的ともいえる回答がなされた」旨を伝えた。

十一月二十九日、曇りのち小雨。濃霧の海上はおだやか。翔鶴、瑞鶴と警戒隊に対する燃料補給が行なわれ、懸念は一つ去った。軍令部第一部長から「米国の態度は強硬で、(日米)会談の決裂は必至」との電報が入った。

すべての準備は終わっている。海面も予想外に静かで、洋上補給も心配ない。まさに天佑《てんゆう》である。

夜もふけて、艦橋直下の作戦室でゴロンと横になって仮眠していると、舷側を打つ波の音で目がさめた。すると、前夜に続いて、今夜も「自問自答」が始まった。

「お前は何をしようとしているのだ。お前たちがやろうとしていることは、大変なことなんだぞ! よくよく考えてみるがよい」

一人の私がこういうと、もう一人の私が怒鳴り返す。

「今さら、何を迷っているんだ。お前の残された道は、前進あるのみだ。断じて行なえば鬼神もこれを避くというではないか!」

準備はすべて完了した。これ以上、何もすることはない。あとは運を天にまかすだけだ——と思いながらも、そう簡単に割り切れるものではない。

現に、もう何も付け加えることはないと思っていたのに、作戦命令の変更や、追加事項の絶えたことは、これまで一日だってない。

十一月三十日、曇天。霧はれる。海上おだやかで、燃料補給も順調。

十二月一日、曇天。海上は平穏。正午過ぎ日付変更線（東経一八〇度）を通過、航程の約半分に達した。

この日は、日米交渉打ち切りの期限とされていたので、電信室は緊張していた。
（注）この日、東京では午後二時から、宮中千種《ちぐさ》の間で、東條内閣の全閣僚、原枢密院議長、永野軍令部総長、杉山参謀総長らが出席して、最後の御前会議が開かれ、米英蘭三国に対する開戦が正式に決定された。連合艦隊は翌二日午後五時三十分、司令長官名で「ニイタカヤマ　ノボレ　一二〇八」の作戦緊急信を発した。同じころ陸軍は、海南島沖で待機中のマレー作戦軍（山下奉文《ともゆき》中将指揮）に対して「ヒノデハ　ヤマガタ」の進攻開始命令を発し、「御稜威《みいつ》ノモト成功ヲ祈ル　参謀総長」と追記されていた。

十二月八日未明

十二月二日午後十時。機動部隊は「作戦緊急信」と指定された短い数字の略号電報を受信した。

暗号士がそれを平文に直し、受信用紙に「ニイタカヤマ　ノボレ　一二〇八」と記入して暗号長へ、暗号長は急いでこれを通信参謀の小野少佐に届けた。

賽《さい》は遂に投げられ、X日は十二月八日と決まったのである。何としても、作戦を成功させねばならない。人間でできることは、すべてやった。あとは神に祈るしかなかった。

私は、南千島を出撃してから約一週間後、長官室のそばにある「赤城神社」へ朝夕お参りして、作戦の成功を祈った。

軍艦にはすべて、艦名ゆかりの御神体を分けてもらい、分社をもっていた。

旗艦「赤城」の分社は、赤城神社のそれである。

それにしても、艦が歩けない（航行できない）と南雲長官が最後までシリ込みしていた北太平洋の海面が、予想していたよりも静かで、海霧もわれわれの行動を覆いかくすかのように、しばしば訪れてくる。心配していた洋上補給もうまくいっている。天佑と信じたいが、どうも恵まれすぎている。何か重大なことを見落としているのではないか。

アメリカ側の動静が、いやに静かなのも気になる。彼らは、われわれがすぐそばまでやってくるのを、じっと手ぐすね引いて待っているのではないか。

もし、星のめぐり合わせが悪くて、日本海軍のトラの子の主力航空母艦六隻を投入してのこの作戦に失敗し、母艦の大部を失うようなことになれば、それでもう日米戦争の勝敗は決まってしまう。南方作戦も何もあったものではない。

「天佑は、全力を挙げて努力するものの上にのみ、降《くだ》るのであって、ろくに努力もせず、漫然とこれを期待するものには、絶対に降るものではない」

ことを固く信じていたし、

「人事を尽して天命を待つ」

ことも知ってはいるが、それにしても事は重大である。

艦内に奉安されている「赤城神社」へ朝夕お参りして、最初のうちは、

「どうか、この作戦を成功させてください。お願いいたします」

と祈っていたが、二、三日後には、

「私の命は、どうなってもかまいません。どうか、この作戦を成功させてください」

という祈りの言葉に変わっていた。

それが、いよいよ突撃する一、二日くらい前になると、

「私を殺して、この作戦を成功させてください。お願いいたします」

という、つきつめた願いの言葉になっていた。

一幕僚（甲航空参謀）にすぎなかった私ですら、そのような心境にあった。ましてや、機動部隊の最高指揮官たる南雲忠一中将に対する重責の圧迫感は、想像を絶するものがあったに違いない。

薄氷を踏む思いで、無言の東進を続けている機動部隊に対して、ハワイ方面の詳細な最新情報が次々と軍令部から届いていた。

十二月三日は、前夜来の荒天で、燃料の補給ができなかった。だが、もうすぐ南へ針路が変わる。そうなれば海はおだやかになる見通しなので、心配はいらない。

ハワイ・真珠湾における最新の様子が、軍令部情報として相次いで入ってきた。

それによると、十一月二十八日午前八時（ハワイ時間）現在における真珠湾の状況は次のようになっている。

▽戦艦二（オクラホマ、ネバダ）、空母一（エンタープライズ）、甲巡二、駆逐艦十二――以上、出港。

▽戦艦五、甲巡三、乙巡三、駆逐艦十二、水上機母艦一――以上、入港。

ただし、入港せるは十一月二十二日出港せる部隊なり。

十一月二十八日午後、真珠湾在泊艦は左の通りと推定する。

▽戦艦六（メリーランド型二、カリフォルニア型二、ペンシルバニア型二）

▽空母一（レキシントン）

▽甲巡九（サンフランシスコ型五、シカゴ型三、ソルトレーキシティ型一）

▽乙巡五（ホノルル型四、オマハ型一）

さらに、三日午後十一時に発信された軍令部情報は、十一月二十九日午後（ハワイ時間）の真珠湾在泊艦を次のように伝えてきた。

A区（注＝海軍工廠、フォード島間）には工廠の北西岸壁にペンシルバニア、アリゾナ、繋留《けいりゆう》泊地にカリフォルニア、テネシー、メリーランド、ウエスト・バージニア、工廠修理岸壁にはポートランドがそれぞれ在泊中。

ドックに入っているのは甲巡二、駆逐艦一で、その他の在泊艦船は、潜水艦四、駆逐母艦一、哨戒艇二、重油船二、工作船二、掃海艇一。

B区（フォード島北西方、同島付近海面）＝繋留泊地にレキシントンのほかユタ、甲巡一（サンフランシスコ型）、乙巡二（オマハ型）、砲艦三。

C区（東入江付近）＝甲巡三、乙巡二（ホノルル型）、駆逐艦十七、駆逐母艦二。

D区（中央入江付近）＝掃海艇十二。

E区＝在泊艦なし。

さらに情報は、

「十二月二日午後（ハワイ時間）まで変化なし。いまだ待機の情勢にありとは見えず、乗員の上陸も平常通りなり」

と伝えてきた。

どうやら、米海軍の目は「南」に向かっているようだ。

十二月四日、午前四時。機動部隊は針路を東南（一四五度）に変針し、ハワイに向けて〝さか落とし〟の姿勢をとった。

天候は依然荒れ模様。燃料の補給は不可能だが、その代わり敵に発見される恐れはない。

十二月五日、曇天。視界不良なるも、海上は平穏。燃料補給が実施できた。

十二月六日、雲量多く、視界不良なるも海上は平穏。近く敵機の哨戒圏に入るので、補給隊を今明日にかけて離脱させることになり、各艦ごとに小宴を開いて労をねぎらう。

最大の御馳走は、単冠湾出撃以来、水節約のため禁止していた入浴を許可したことだ。重油で真っ黒くなった顔に、白い歯がうれしげにのぞいていた。

十二月七日、午前一時十五分に入電した山本司令長官からの電報は、出師《すいし》に当たって勅語を賜《たまわ》ったことを伝えた。
（注）十二月三日、宮中に参内した山本司令長官は、天皇陛下に拝謁《はいえつ》を仰せ付けら

れ、親しく激励の勅語を賜った。

「朕《ちん》ココニ出師ヲ命ズルニ方《あた》り、卿ニ委スルニ聯合艦隊統率ノ任ヲ以テス。惟《おも》フニ聯合艦隊ノ責務ハ極メテ重大ニシテ、事ノ成敗ハ真ニ国家興廃ノカカル所ナリ……」

と仰せられたのに対して、山本長官は、

「謹ミテ大命ヲ奉ジ、聯合艦隊ノ将兵一同、粉骨砕身誓ツテ出師ノ目的ヲ貫徹シ、聖旨ニ応ヘ奉ル」

旨を奉答した、ということだ。

午前六時――連合艦隊の旗艦「長門」から山本司令長官の訓示が全軍に示達された。

「皇国の興廃はかかりてこの征戦にあり。各員粉骨砕身、各々その任を完うせよ」

午前十一時半――機動部隊は針路を真南にとり、追い風を受けて速力も二十四ノット（時速四十四・五キロ）に増していた。

前方、ハワイ方面は密雲のたれこめるのが望まれたが、機動部隊の上空は、多少の断雲があるのみで、天候はまず良好。

軍令部情報は、真珠湾の在泊状況を知らせてきた。

「十二月六日（ハワイ時間）の在泊艦左の如し。戦艦九、軽巡三、水上機母艦三、駆逐艦十七、入渠《にゆうきよ》中のもの軽巡四、駆逐艦二。重巡および航空母艦は全部出動しあり。艦隊に異状の空気を認めず。ホノルル市街は平静にして灯火管制をなしおらず」

そして、そのあとに、

「大海（大本営海軍部）は、必成を確信す」

とあり、士気は振起された。

また、これと前後して現地からの最後のものと思われる貴重な情報を入手した。

「七日、ホノルル方面飛行阻塞《そさい》気球を使用しおらず、ハワイ諸島方面飛行哨戒を行ないおらず、航空母艦二隻（レキシントン、エンタープライズ）出動中」

空母「レキシントン」と重巡五隻は、五日出動したまま、まだ帰港していない。また空母「エンタープライズ」も出動中だ。

「戦艦は魚雷防御網を有せず、繋留艦上に阻塞気球なし」との情報はすでに入手していた。

空母二隻と重巡五隻は、どこへ〝出動中〟なのか。機動部隊の進撃路に姿を現わすかも知れないが、大事を前に索敵機を飛ばすわけにはいかない。

午後四時——先遣部隊の第二十潜水隊司令から「敵艦隊はラハイナ泊地にいない」旨の報告が届いた。同泊地は、ハワイ諸島中のマウイ島にある外洋に面した泊地で、ここに米艦隊の一部でもいると、攻撃計画を変更しなければならなかった。

機動部隊は二十四ノットの高速でオアフ島の北約七百カイリの地点を通過した。八日未明には攻撃機発進点（オアフ島の北二百二十カイリ）に達する。真珠湾はもうすぐだ。

旗艦「赤城」のマストにDG信号旗が翻《ひるがえ》った。明治三十八年（一九〇五）五月二十七日の日本海海戦に、東郷艦隊旗艦「三笠」が掲げたZ旗「皇国の興廃この一戦にあり、各員一層奮励努力せよ」と同文の信号旗である。

昭和十六年十二月八日（現地時間七日）、世界海戦史上、これまでにみなかった強大な航空母艦の一隊が、冷気厳しい暁の太平洋上を〝第四戦速〟で一路、南下していた。大阪から名古屋くらいまでの長大な海面に展開された「警戒航行序列」の機動部隊は、無限に広がる洋上のまっただ中にすっぽり隠されて、国を出てから五千六百キロを長駆してここまでやってきた。

目指すアメリカ太平洋艦隊の本陣「真珠湾要塞」は、あと数百キロの地点で何も知らずに眠っているらしい。

突進する主力部隊の前衛は、軽巡「阿武隈」、そのずっと前方には、三隻の潜水艦が薄暗い海面に身をかがめるようにして進んでいた。

機動部隊は、二つの縦陣に分かれていた。約十キロもあるその間には、二隻の駆逐艦が配備され、第一縦陣の先頭は旗艦の空母「赤城」、同「加賀」がこれに続き、やや小型の空母「蒼龍」と「飛龍」が肩をいからすようにして、ぴったりとついている。第二縦陣には、就役したばかりの最新鋭空母「翔鶴《しようかく》」「瑞鶴《ずいかく》」の晴れ姿が見えた。

空母艦隊の両翼は、右に霧島、左に比叡の両戦艦がガッチリと固め、米軍艦がもし水平線に頭を出せば、瞬時に決戦に出る構えをとっている。

その後方、翔鶴、瑞鶴の両空母と頭を並べて二隻の重巡「利根」と「筑摩」がそれぞれ警戒の目を光らせていた。

第六警戒航行序列（航空機の立場からは戦闘隊形）に移った機動部隊の南雲司令長官は、攻撃機の発進点（オアフ島の北二百二十カイリ）到達を前に、敵情判断を伝達した。

一、敵情を総合判断するに、ハワイ方面の敵兵力は、戦艦九隻、空母二隻、甲巡約十隻、乙巡約六隻程度にして、その半数以上は真珠湾にあり。その他はマウイ島南方付近にて訓練中の算多く、ラハイナには碇泊しあらざるもののごとし。
二、今後状況特に変化なき限り、艦船攻撃は真珠湾に集中す。
三、敵はただ今のところ、特に警戒の度を厳にせりとは認められざるも、これがため毫《ごう》も油断あるべからず。
八日午前一時（現地時間七日午前五時三十分）、重巡「利根」「筑摩」から水上偵察機が暁闇《ぎょうあん》の空に飛び立った。一機はオアフ島、他の一機はマウイ島に向かい、真珠湾とラハイナ泊地の天候や敵艦の在泊状況を偵察し、通報する危険で重要な任務を帯びていた。

二十分後、六隻の空母は一斉に艦首を風に向かって立て直し、速力を増した。風圧と艦の速力による相殺作用によって、搭載機の発艦をできるだけ容易にするためである。

天気は良いが、風は強い。東北東約十三メートルの風が吹いていた。海面のうねりは高く、艦は激しく上下して、白い波頭が時折、飛行甲板を洗った。

だが、その甲板にはすでに第一次攻撃隊第三集団の制空隊（指揮官・板谷茂少佐）

の零式戦闘機（ゼロ戦）が翼をつらね、爆音をとどろかせながら、発艦命令を待っていた。

八日午前一時三十分（現地時間七日午前六時）をすこし回った時、赤城のマストに赤地白丸の三角旗がスルスルとあがり、一瞬とまっておろされた。発艦の合図である。「発艦始め」の青灯が大きく振られた。間髪を入れず第一波制空隊の指揮官板谷少佐搭乗の一番機、ゼロ戦が赤城の飛行甲板をけった。

制空隊（零式戦闘機）に続いて水平爆撃隊（九七式艦攻）、それに九一式航空魚雷改二を一つずつ抱いた雷撃隊（九七式艦攻）、さらに急降下爆撃隊（九九式艦爆）の第一次攻撃隊全機（百八十三機）が発艦した。わずか十五分であった。

重装備をした各機の発艦は、十二度から十五度の艦の動揺で、かなりの危険を伴った。

特に八百三十八キロの改造魚雷を抱いた雷撃機は、激しく横ゆれのする甲板を重そうに走り抜けて艦首を離れた瞬間、どの機も甲板から機体が見えなくなるほど落下した。はっと思わせた次の瞬間、機首を立て直して上昇していった。

六隻の母艦から発進した飛行機群は、艦隊の上空を旋回しながら、四つの梯団《ていだん》に分かれて、大編隊を組んだ。

中央梯団は、四十九機からなる水平爆撃隊の四隊で、その先頭機には総指揮官淵田中佐が乗っていた。乗機には、尾翼に黄と赤の識別模様がつけてある。

水平爆撃隊の右後方五百メートルには、村田少佐の指揮する四十機の雷撃隊四隊、さらに左後方五百メートルには、高橋少佐の率いる五十一機の急降下爆撃隊二隊が、それぞれ高度を二百メートル下げて続いた。

さらに、これら集団の上空五百メートルには、名機「ゼロ戦」四十三機からなる制空隊六隊が、はやる〝足〟を抑えながら待っていた。

離艦後三十分。第一次攻撃隊の全機百八十三機が編隊を完了して、編隊灯を消すころ、東の水平線に十二月八日(現地時間七日)の大きな太陽が昇り始めていた。

私はその前夜、赤城艦橋下の作戦室で二時間ほどぐっすりと眠った。気持ちよく目覚めて外へ出てみると、飛行甲板上に整然と並べられた飛行機の排気管からは、ゴーッという音とともに、青い炎が噴き出ていた。

それを見ながら階段を昇り、艦橋に立った私は、不思議なまでに清澄な心境にある自分を発見した。数時間前までのもろもろの不安や妄想がきれいさっぱりとぬぐい去られて、実にすがすがしい気持ちになっていた。

作戦成功に対する欲望も、失敗に対する不安もなかった。明鏡止水というか、無我の境というか、それまで三十六年の生涯においても、その後においても、あの時のような澄んだ心境にあったことはない。

機動部隊が「明朝突撃」すべく速力を二十四ノット（第四戦速）にあげていた七日の夜、南雲長官は私にこう言った。

「ともかくも、ここまで（艦を）もってきてやった。あとは飛行機がやるかやらないかだ。航空参謀、頼んだぞ」

「長官、飛行機に関する限り大丈夫です」

この時はもう、作戦成功については、ほとんど確信に近いものを持っていた。

十二月八日午前零時（現地時間七日午前四時三十分）ごろには、飛行服に身を固め、準備を整えた搭乗員が続々と飛行甲板下の控え室に集まっていた。

時差修正なしで日本時間のままやってきた搭乗員たちは、この日、深夜の朝食に赤飯に尾頭つき、それに勝栗を供せられ、

「これでもう、思い残すことはないわナ」

といった軽い口裏に重い決意を秘めながら集まっていた。そして敵情やわが方の位置、今後の行動予定などを聴いて、搭乗員としての航法計画を練っていた。どの搭乗員の顔も、空前の大事を前にした人たちとは、とても思えないほど物静かな顔つきで、ニコニコしながら話し合っていた。

ちょうどその時、総指揮官の淵田中佐が搭乗員室に入ってきた。彼の表情も、平素とちっとも変わっていない。

「おい、淵！　頼むぜ」

と呼びかけた私に向かって、淵田中佐は、

「お、じゃあ！　ちょっと行ってくるよ」

まるで、隣の店へタバコか酒でも買いに行くような口調と物腰で、実に淡々としたものであった。

淵田中佐には、夏以来の鹿児島水域を中心とした激しい訓練で、自分自身にもまた部下に対しても、技術上の心配は、もうほとんどなかった。その確信のほどが、淡々とした物腰ににじみ出ていた。

彼の関心事の一つは、山本連合艦隊司令長官から厳しくいわれていた攻撃開始時刻

――つまりワシントンで日本からの最後通牒《つうちょう》が米国政府に手交されるはずの時刻から三十分後、日本時間の八日午前三時三十分きっかり、寸秒もたがえずに第一弾を真珠湾軍港に落としてみたい――ということであった。

内地出撃の前日（十一月十七日）、機動部隊関係の主要幹部および航空士官に対し「出撃に際して訓示」した山本司令長官は、その中で、

「奇襲を計画しているが、諸君は決して、相手の寝首をかくようなつもりであってはならない」

と特に注意していた。

後日、三和義勇参謀から聞いたところによると、真珠湾作戦が終わった直後、山本長官は藤井茂（政務）参謀に、攻撃が「最後通牒の後であったか、先であったか」を確認するよう命じられ、そのことについては何度も繰り返し調査させたということである。

その理由を訊ねた三和参謀に対して、山本長官は、

「日本のさむらいは、たとえ夜討ちをかけるときでも、ぐっすり寝込んでいるやつに斬りつけることはしない。少なくとも、枕だけはけって、それから斬りつけるものだ。

最後通牒を手渡す前に攻撃をしたとあっては、日本海軍の名が廃《すた》る」

といわれたという。

「……敵の寝首をかくようなつもりであってはならない」という意味を十分承知していた淵田中佐総指揮の真珠湾攻撃隊が、勇躍、母艦を進発しようとしていたころ、ワシントンの日本大使館は、対米覚書の仕上げに忙殺されていた。

日米ついに開戦

ワシントン・マサチューセッツ街の日本大使館は、十二月七日の朝（現地時間）、前夜に続いてあわただしい空気に包まれていた。

前日、大使館は東京から次のような予告を受けていた。

一、政府においては、十一月二十六日の米側提案（注＝日米交渉最終段階で、米国政府が提示した覚書で通称「ハル・ノート」と呼ばれ、主な内容は日本政府に対して、日独伊三国同盟の破棄、中国からの全面的撤兵を要求し、満州国の独立を否認したもの）につき、慎重廟議《びょうぎ》を尽したる結果、対米覚書（英文）を決定せり。

二、右覚書は長文なる関係もあり、内部接受せらるるは明日となるやも知れざるも、刻下の情勢は極めて機微なるものあるにつき、右受領相成りたることは差し当り厳秘に付せらるるよういたされたし。

三、右覚書を米側に提示する時機については、追って電報すべきも、右別電接到のうえは、訓令次第いつにても米側に手交し得るよう、文書の整理その他、あらかじめ手配を了し置かれたし。

この予告電報が入電して間もなく、正午ごろから長文の電報が何回にも分けて入ってきはじめた。もちろん、極秘の暗号電報である。

これを普通文に翻訳し、さらに正式の外交文書（覚書）に修飾して浄書タイプする必要があった。

大使館には熟練したタイピストもいたが、極秘なのでそれを使うわけにはいかない。上級職員がなれない手つきで、タイプしなければならなかった。

十三部からなる長文の電報が到着し、その翻訳が終わったのは、夜半の十二時を過ぎていた。正式の文書にする仕事は、翌日に持ち越された。

ところが、電報は十三部で終わりではなく、最後の肝心な部分は、翌七日に送られてくることになっていた。このため七日（日本時間の八日）は大使館の主要職員に〝日曜出勤〟が命ぜられ、最後に届いた暗号電報を翻訳し終わった時は、午前十一時をすこし回っていた。しかも、それには「本覚書は午後一時に米国側に手交せよ」という意味の訓令が付いていた。

駐米大使として一年余り、対米交渉に当たってきた海軍大将の野村吉三郎大使、同大使を支援するため十一月中旬に特派されてきた前駐ドイツ大使の来栖三郎大使も、この訓令を見て驚き、あわてた。

電文の翻訳は、やっと終わった。が、この長い文章を正式な外交文書に仕立て直す作業がまだ残っていた。

大使館の奥村勝蔵一等書記官は、みようみまねでどうやらタイプが打てたとはいうものの、片手打ちの雨だれ式では、どうにも間に合わない。

あわてればあわてるほどミスプリントが出て、悪戦苦闘の連続であった。

一方、野村大使は、国務長官コーデル・ハルの事務所に電話して、午後一時に面会したい旨を申し入れた。

ところが、ハル長官は秘書を通じて、

「その時刻は、他に昼食の約束があるので、お会いできない」

と断ってきた。だが、

「非常に重大な要件だから、ぜひ長官に取り次いでもらいたい」

と頼み込んで、野村大使はようやく「午後一時面会」の約束を取りつけた。

ところが、覚書の文書作成の方は、奥村一等書記官の悪戦苦闘にもかかわらず、約束の時間までに出来上がりそうになかった。やむを得ず、国務長官との面会時刻を一時四十分に延期してもらうよう、再び頼み込まなくてはならなかった。

やっと出来上がった文書をひったくるようにして、車に乗り込んだ野村、来栖両大使が国務省に到着した時は、すでに午後二時を過ぎていた。延期してもらった約束の時間から、さらに二十分以上も遅れていた。

両大使は、ここでさらに十五分ほど待たされて、やっとハル長官の部屋に通された。ハルは平素からあまり愛想のいい方ではなかったが、それでもいつもなら外交官らしく振る舞うのだが、この時はちがっていた。

両大使が握手しようとして差し出した手も無視し、椅子をすすめようともしなかった。

「私はこの覚書を午後一時に、閣下に手交するよう本国政府から訓令を受けました」

と、野村大使は遅刻したことを詫《わ》びながら、文書を差し出した。

「なぜ、一時に渡さねばならなかったのですか」

とハル長官は反問した。野村大使は、

「なぜだか、私にもわかりません」

と答えた。

野村大使も、内容の重大さは知っていたが、午後一時という時刻が、何を意味しているのか、それは知らなかった。

ハル長官は、受け取った文書に一応目を通す格好をみせたが、やがてそれを机の上に投げ出すようにして置くと、野村大使の顔をまっすぐ見詰めながら、怒気をこめてこう言った。

「私は過去九カ月にわたって、貴方と話し合いをしてきたが、その間、真実でないことは一言たりともいわなかった。これは記録が証明してくれる。しかし、この文書ほど、虚偽と歪曲《わいきょく》に満ちた、恥知らずの文書は、私の五十年の公的生活の間でも、かつて見たことがない。地上の、いかなる政府であろうとも、このようなひどい虚偽と歪曲をなし得ようとは、ほとんど想像することもできない」

野村大使は、びっくりしたような表情でハル長官を見返し、何か言おうとした。

ハル長官はそれを押しとどめるようにして、黙ってドアの方を指さした。

野村大使は冷静さを失わず、礼儀正しく別れの言葉を述べて手を出した。さすがのハル長官も、この時は野村大使の手を握り返し、続いて差し出された来栖大使の手も握った。

両大使とも、ハル長官がどうしてあんなに怒ったのか、不審に思いながら大使館に帰って来ると、迎えに飛び出してきた奥村一等書記官が、興奮した口調でこう告げた。

「大使、わが軍の飛行機が、けさ、真珠湾を空襲しました」

真珠湾攻撃の第一報がワシントンに届いたのは、現地時間十二月七日の午後一時四十分（ハワイ時間午前八時四十分）ころである。

太平洋艦隊のキンメル司令長官からの急報でこれを知ったハロルド・スターク海軍作戦部長は、海軍長官室に駆け込んで、その旨を告げた。

「そんなバカな！　フィリピンの間違いじゃないのか」

半信半疑のフランク・ノックス長官も、それが事実であることを確認すると、急いでホワイトハウスへの直通電話をとった。

この知らせは、時を移さず国務省のハル長官にも伝えられた。同長官は、この日の午前中に、野村大使から「午後一時、面会」の強い申し入れを受け、正午過ぎになって、面会時間を「四十分延期してほしい」との要請を受けていた。

だが、その時刻になっても、野村大使は国務省に現われなかった。しかし、ハル長官は、野村大使が何のために面会を申し入れてきたのか、その用向きは大体わかっていた。

というのは、米国政府当局は十六年の四月、新しい暗号解読機を開発して、暗号電報で送られてくる日本の外交機密文書は、そのほとんどを「ブラック・チェンバア」で解読していた。

従って、この日（ワシントン時間十二月七日）、日本政府から野村大使を通じて手交される文書も、さる十一月二十六日のいわゆる「ハル・ノート」に対する拒否回答であろうことは、ほぼわかっていた。

日独伊三国同盟の破棄、中国からの全面撤兵、満州国の独立否認などの条項を盛り込んだハル・ノートは、日本へのいわば最後通告を意味していた。

それは、ハル・ノートを野村大使に手交した翌日の十一月二十七日、ハル国務長官がヘンリー・スチムソン陸軍長官に対して言ったという、次の言葉にはっきりと示されている。

「私は（日米交渉から）手を洗った。あとは、君（スチムソン陸軍長官）とノックス（海軍長官）の問題だ」

つまり、日米関係はもはや「外交問題」ではなく「軍事問題」であるというわけだ。

しかし、そのハル長官も、日本政府の拒否回答が、真珠湾攻撃となってハネ返ってこようとは、夢想だにしていなかった。それも事実上の通告が、開戦後一時間以上もたって交付されたことに立腹した。

対米通告の時刻は、オアフ島に対する第一撃を日本時間の十二月八日午前三時三十分（ワシントン時間七日午後一時三十分）とし、それより一時間前、つまりワシントン時間午後零時三十分とする手はずであった。

だが、大規模作戦には二十分内外の遅延を見込む必要があるとの理由から「三十分遅らせてほしい」との統帥部の申し入れを受けた東郷外相（注＝ハワイ作戦のことは知らない）は、通告前に開戦とならないように念を押した上で、この申し入れを承認した。

仮に不測の手違いがなく、ワシントン時間午後一時に「覚書」がハル長官に渡されていたとしても、その時すでに真珠湾への第一弾は投ぜられていた。

暁闇をついて、六隻の空母から飛び立った百八十三機の一大航空集団は、総隊長淵田中佐指揮の下に、四つの梯団に分かれて編隊を完了、高度を三千メートルに上げて針路を南にとった。

日米決戦は、まさにその火ぶたを切ろうとしていた。めざすオアフ島は日曜日の夜明け前、浅い眠りの中にあった。

発艦後一時間、総指揮官機に搭乗の淵田中佐は、ホノルルのラジオ放送をキャッチした。

「おはよう音楽」の電波に針路を合わせて、オアフ島（面積は佐渡島の二倍弱）を正確に指向することができた。さらに同中佐の心の中を見通しているかのように、ホノルル放送局は価千金の航空気象を伝えた。

「オアフ上空は、ところにより曇り。平野部上空の雲高は約千メートル。東の風、風速七・五メートル。視界良好」

しめた！　淵田総隊長にとっては、正確な気象を伝えたねむそうなアナウンサーの声が、あたかも「勝利の女神」のそれのように聞こえたに違いない。

この気象情報で、進入コースは決まった。当初の予定では、オアフ島の東方山脈をかすめるように越え、北東から真珠湾をつく計画であった。このコースを急遽、変更して、島の西側を回り、西南方面から進入することにした。雲の高さと風向きを考えてのことであった。

そのうち、真珠湾上空に向けて先行していた巡洋艦「筑摩」の水上偵察隊から、二つの貴重な報告が届いた。

一つは「戦艦九隻、重巡一隻、軽巡六隻在泊中」、他の一つは「風向八十度（注＝ほぼ真東）、風速十四メートル、敵艦隊上空の雲高千七百メートル、雲量七（注＝曇り）」である。

その偵察報告もさることながら、先行偵察機が敵に発見されることなく真珠湾上空を飛んで、その任務を完全に果たした事実こそは、奇襲作戦の成功を約束するものではないか。

▲米軍のホイラー基地。真珠湾攻撃の第一弾を浴びる。

▲昭和16年12月 8 日の黎明。真珠湾に在泊の米艦隊。

▲「トラ・トラ・トラ」──「われ奇襲に成功せり」

▲爆発して沈没寸前の米戦艦「アリゾナ」

▲黒煙をあげて炎上するヒッカム基地。

▲飛行場の米兵。消火・復旧の作業に従事。

▲機動部隊の特殊潜航艇。真珠湾に忍びこむが米軍に捕獲される。

▲米軍の対空砲火。真珠湾攻撃隊350機のうち、未帰還は29機。

筑摩の偵察機が報告し終わって、約三百八十キロ北方にいる第一航空艦隊へ帰っていったあと、続いてラハイナ泊地の偵察に向かっていた巡洋艦「利根」の水上偵察機から「敵艦隊ラハイナ泊地になし」との報告が入った。これは前の日にあった潜水艦からの報告を確認するもので、この報告は次のことを決定づけた。

一つは、米太平洋艦隊を攻撃するに当たって、浅海面の真珠湾内よりも条件の良い、深海面のラハイナ泊地を襲う望みが絶たれたこと。

もう一つは、所在不明の米空母エンタープライズを求めて、真珠湾南方海面をくまなく捜索していたにもかかわらず、その所在が依然として不明であるということだ。ウィリアム・ハルジー中将指揮の空母エンタープライズは、この朝、七時三十分に真珠湾に入る予定だった。ウェーキ島からの帰途、荒天で駆逐艦に対する補給が遅れ真珠湾から約三百八十キロの海上にあった。わずか三十分足らずの差で、攻撃隊は長蛇を逸することになる。

突撃の朝、ホノルル放送局の「おはよう音楽」を聞いたのは、淵田中佐だけではなかった。

空母「飛龍」の村中一夫一等飛行兵曹によると、それは女の子が日本語で歌った

〝めんこい仔馬〟だったという。また空母「蒼龍」の水平爆撃隊を指揮して飛んでいた阿部平次郎大尉（第三攻撃隊指揮官）も、その歌声を聞いていた。

阿部大尉は、ホノルルの放送局が日本の愛馬行進曲を流していることを知ったとき、大きな感動が体内をかけめぐった。攻撃隊はまだ見つかっていない。素晴らしいことではないか……。

淵田中佐は、ワシントンで日本の最後通告が米国政府に渡される時刻から三十分後きっかりに、第一弾をお見舞いするほかに、もう一つ重大な任務を持っていた。

それは、どこで「奇襲」か「強襲」かの判断を下すか、ということである。

そして「奇襲」の場合は、信号弾一発を合図に、村田重治少佐指揮の雷撃隊がまず突っ込んで、魚雷（安定機付の九一式魚雷改二）を発射する。

もし相手が待ち構えていて「強襲」となった場合は、二、三秒の間隔で発射する信号弾二発を合図に、高橋赫一少佐の率いる急降下爆撃隊が先陣を承って、地上の敵機や対空砲火を制圧してから、あとの攻撃隊が行動に移る。そういう手はずになっていた。

「強襲」の場合は、爆煙が湾内いっぱいに広がって、在泊中の敵艦船を包みかくすことになり、あとに続く雷撃隊や水平爆撃隊の行動を制約し、攻撃効果が損われる恐れがある。できることなら「奇襲」に成功してほしい。

攻撃隊が母艦を発進して約一時間半、旗艦「赤城」の艦橋で吉報を待っていたころ、総指揮官機から双眼鏡で下方の海面をじっと見詰め続けていた淵田中佐の目に、雲の切れ目から射してきた朝の光の中に白い磯波の砕ける長い線が飛び込んできた。オアフ島だ。

淵田中佐は、最新の航空気象に基づいて変更した真珠湾軍港への新しい進入コースの通り、全軍をオアフ島の西海岸へと誘導していった。

真珠湾の上空は晴れ、軍港には靄《もや》が立ちこめていた。日曜日の軍港は、静まり返った朝景色の中にあった。

三千メートル下に眠っている真珠湾を双眼鏡で注視しても、米戦艦の籠マストが二つ、三つと映ってくるだけで、在泊中の艦船にも地上にも、これといった警戒的な動きは、何も見えなかった。

「よし、奇襲でいく」

淵田中佐は、右手に拳銃を高くかざして、信号弾を一発、発射した。奇襲態勢の下令である。時に三時九分であった。

そして真珠湾攻撃の第一弾がホイラー基地に投下された。淵田中佐が考えていた攻撃開始時刻よりも五分早く、日本時間の十二月八日午前三時二十五分であった。

トラ・トラ・トラ

昭和十六年十二月八日午前三時二十五分（日本時間）、高橋少佐の率いる急降下爆撃隊が、オアフ島中央部のホイラー飛行場に投じた二百五十キロの爆弾が、日米開戦の火ぶたを切る第一弾となった。

「奇襲でいく」ことに決めた総指揮官淵田中佐は、合図の信号弾一発で、通常の飛行隊形から戦闘隊形に展開して、突撃命令を待つばかりとなった。

信号弾一発は「奇襲」を意味していた。まっ先に突っ込んでいくことになっていた村田少佐の雷撃隊は、尾翼を振って合図に応え、突撃命令を待つ位置へ移るべく、高度を下げ始めた。

高橋少佐の急降下爆撃隊も、奇襲の合図を了解して、高度を上げ始めた。四千メートルまで上昇して、急降下するためだ。

ところが、板谷少佐の率いる制空隊だけが信号弾を見落としていたらしい。というのは、制空隊のゼロ戦は足が早くて、他の編隊と速度を合わせて飛ぶのが苦しい。奇襲の信号弾が発射されたとき、たまたま中央梯団からかなり離れたところにいた。信号弾を見落としてはいなかったが、確認の応答を怠っていた。

淵田総指揮官は、その戦闘機群（制空隊）だけに信号拳銃を向けるつもりで、約十秒間ののちもう一度、信号弾を一発打ち上げた。二度目の信号弾の黒い煙が空を流れていくのを認めた制空隊は、てっきり「強襲態勢」への展開命令と判断した。

同じように信号弾二発、つまり強襲の合図と勘違いした急降下爆撃隊の高橋少佐は、所定の四千メートルまで昇り切らず、われこそは先陣なりと、急遽、指揮下の艦爆五十数機を率いて急降下態勢に移り、ホイラー、ヒッカム両航空基地を目指して突っ込んでいった。

こうなると、一瞬でも早く目標に向かって突撃するしかない。雷撃隊の村田少佐は、急降下爆撃隊に邪魔されないうちにと思ってか、指揮下の艦上攻撃機群を率いて大急ぎで低空へ舞いおりていった。

総指揮官機でこの様子を見ていた淵田中佐は、予定した時刻よりも五分早く、電信員に「ト連送」を命じた。

「ト連送」とは「全軍突撃せよ」の略号である。総指揮官機の水木一等飛行兵曹は、トの符号「・・―・・」を連打し始めた。

オアフ島上空で発した「ト連送」は、機動部隊の旗艦「赤城」はもちろんのこと、遠く瀬戸内海の柱島《はしらじま》泊地にいた連合艦隊の旗艦「長門」の無電室でも、直接キャッチしていた。

その日の当直参謀は佐々木彰中佐であった。司令部付の通信士が、

「当直参謀、ト連送です！」

と作戦室へ勢いよく駆け込みながら叫んだ。

「長官、お聞きの通りです。発信時刻は三時十九分です」

大机を前に、折り椅子に掛けてじっと目をつぶっていた山本長官は大きく目を見開き、黙ってうなずいた。

長い不安な時間は、この時、一瞬にして破られた。

淵田総指揮官は、全軍に突撃を命ずる「ト連送」に続いて、機動部隊指揮官に対して「トラ・トラ・トラ」の信号を送った。

オアフ島上空の総指揮官機から発信されたこの「われ奇襲に成功せり」との略語信号は、東京の大本営でも、また連合艦隊の旗艦「長門」でも直接受信されていた。

第一次攻撃隊の展開の仕方にやや手違いが生じて、開戦第一発が魚雷ではなく、陸用爆弾ではあったが、攻撃の大勢に影響するほどではなかった。それというのも、奇襲そのものが完全に成功したからである。

強襲と早合点し、先陣を承る形となった高橋少佐指揮の急降下爆撃隊は、敵の対空砲火陣を制圧するため、カフク岬の沖から大きく左旋回して、一部をホイラー基地へ、他の一部をカネオヘ基地に向かわせ、高橋少佐はみずから残り部隊を率いて、オアフ島を西北から東南に横切って、一路、真珠湾に向かった。

雷撃隊の村田少佐は、急降下爆撃隊に先を越されると、爆煙のために雷撃がやりにくくなるので、カフク岬の南からオアフ島の西側に出る最短コースをとって、真珠湾に殺到していった。

淵田中佐が直率する水平爆撃隊は、オアフ島の西側から大きく南方に迂回し、真珠湾の南から進入する経路をとった。

制空隊の板谷少佐は、強襲と判断していたので、一番内側の進攻経路をとった。そして途中から隊を三つに分けて、敵の迎撃機を捕捉、撃滅すべくホイラー、カネオへ、ヒッカムの各航空基地に向かって直進した。

ホイラー基地に最初の爆弾が投下されたのとほぼ同じころ、真珠湾東南岸のヒッカム基地にも爆弾が投ぜられていた。

ちょうど、この日の朝、ヒッカム基地には米本土からB17長距離爆撃機の一群が到着することになっていた。それを迎えるため早起きしていた整備員たちは、近づいてくる飛行機群を「早いお着きだな」くらいの軽い気持ちでながめていた。

日の丸の標識をつけた飛行機が、一機また一機と急降下してきて、第一弾が格納庫に命中するまで、ぼんやりと空を見上げて突っ立っていた。

基地内の宿舎でヒゲをそっていた陸軍航空隊参謀長のジェームズ・モリソン大佐は、時ならぬ爆撃音に飛び上がった。あわてて外へ出てみると、格納庫はすでに黒煙に包まれていた。空からは日の丸をつけた急降下爆撃機が次々と舞いおりてくるのを目撃した。

モリソン大佐は、自分のオフィスからハワイ陸軍管区司令部を電話に呼び出し、その電話口でいきなりどなった。

「ジャップだ。いま飛行場が爆撃されている！」

電話を受けた司令部の参謀長ウォルター・フィリップス大佐は、モリソン大佐が朝早くから、酔っぱらって、わめいているとしか思えなかった。

モリソン大佐は、送話器を窓の方に出し、相次いで投下される爆弾の炸裂音を聞かせて、フィリップス大佐を納得させた。

ハワイ陸軍管区司令部の参謀長フィリップス大佐は、ヒッカム基地の陸軍航空隊参謀長モリソン大佐が、朝から酔っぱらっているのではないことを知って、ガク然とした。

そのころ、急降下爆撃隊の一隊は、フォード島の海軍飛行場を爆撃していた。

真珠湾攻撃の主要目的は、湾内に在泊中の主力艦をたたくことにある。従って、奇襲に成功した場合は、まっ先に雷撃隊が制空隊の掩護の下に進入していく手はずであった。

ところが、ちょっとした手違いで、急降下爆撃隊が「強襲」と誤認して、最初に進入していった。そして、同じように強襲と判断した制空隊の一隊、志賀淑雄大尉の率いる加賀の制空隊がこれに続き、ちょっと間をおいて、西方から湾口を巻くようにして、長井彊《つよし》大尉の率いる蒼龍の雷撃隊が進入してきた時には、すでにフォード島の格納庫からは、黒煙があがっていた。ハワイ時間、午前七時五十五分ごろである。

一方、坂本明大尉の指揮する瑞鶴の急降下爆撃隊二十五機が、ホイラー基地を急襲したのは、午前七時五十分より少し前であった。

ここには九十機以上の戦闘機が配備されていたが、その大部分は格納庫に収容されており、また待機線にあったものは、翼と翼とをつなぎ合わせてあった。攻撃隊にとっては、まさに〝据え膳〟である。

攻撃が始まった時、宿舎にいた搭乗員の多くは、目をさましたばかりで、格納庫に命中した爆弾の音に、仰天して飛び出してきた時には、待機線にあった数珠《じゅず》つなぎの列機は、次から次へと火を噴いていた。

わが方の攻撃が終わった時、ホイラー基地には使える飛行機は、少なくとも三十機は残っていた。その中から最初の六機が離陸したのは、攻撃開始から三十五分も経っていた。基地の上空には、すでに日本軍の機影はなかった。

米海軍の哨戒飛行隊の基地・カネオヘ飛行場（オアフ島東南、ダイヤモンドヘッドの北方）は、この日、早朝から三機のＰＢＹ飛行艇が、ハワイ南方海域の哨戒に出動していた。

わが戦闘機隊は、その留守を襲った。錨泊《びょうはく》中の飛行艇四機を銃撃、炎上させたあと、続いて襲いかかった急降下爆撃隊は、基地内にあった哨戒艇三十三機を一機残らず破壊していった。

この間、米本土から空輸された「空の要塞」Ｂ17長距離爆撃機十二機が、オアフ島に接近していた。隊長のトルーマン・ランドン少佐は全機に散開を命じた。燃料を満載して丸腰の空の要塞は、逃げるしかなかった。

一機はローベス飛行場、一機はゴルフ場へ不時着。ヒッカム飛行場に着陸しようとした残りのうち一機は日本機と間違えられて撃ち落とされ、やっとの思いで着陸した八機のうち四機は、わが戦闘機に銃撃されて破壊、最後の一機は機首を北へ向けて脱出した。

「真珠湾」は世界戦史上、最大の修羅場と化しつつあった。

ホノルル海軍航空基地で、軍艦旗の掲揚に立ち会うべく、腰を上げた作戦主任のローガン・ラムジー中佐は、明らかに基地を目掛けて急降下してくる飛行機の異常な音を耳にした。

コースと安全ルールを無視した乱暴な飛行にカンカンになった彼は、当直士官のバリンジャー大尉に機体番号を確かめるよう命じた。

大尉は、突っ込んでくる飛行機を窓外に見た。

「番号、わかったか？」

「いや、わかりません。赤いバンドがついていますから、隊長機だと思います」

「各隊に照会して、どこの隊長機が飛んでいるのか、急いで調べろ！」

ラムジー中佐が、不機嫌な顔でそう命じた次の瞬間、すごい爆発が格納庫地区で起こった。

「あれは日本の飛行機だ！　隊長機を調べる必要はない」

無線室に向かって走りながら、ラムジー中佐は叫んでいた。そして当直の通信兵に向かって、こう命じた。

「これを平文で打て！」

通信兵はキイを握った。

「真珠湾空襲、演習にあらず」

（エアレイド　パールハーバー　ノー　ドリル）

フォード島の南東側水道には、七隻の戦艦が碇泊していた。

南の端にはカリフォルニア、すこし離れてメリーランド、テネシー、アリゾナ、ネバダの四艦が接岸して北東につらなり、メリーランドの外側にはオクラホマ、テネシーの外側にはウエスト・バージニア、アリゾナの外側には工作艦ベスタルが、それぞれ行儀よく並んでいた。

村田少佐の率いる雷撃隊が、フォード島の上空から、隊形を整えて襲いかかろうとしていたころ、戦艦列の各艦は、午前八時の軍艦旗掲揚の準備をしていた。

大部分の艦では、掲揚に当たって号笛《ごうてき》を鳴らすか、ラッパを吹奏するだけだが、この日、戦艦アリゾナの艦上では、日曜の朝の礼拝のため、上甲板に祭壇が設けられ、戦艦ネバダの後甲板には、二十三人の軍楽隊と海兵隊の衛兵が、国歌斉唱のために威儀を正して整列していた。

必殺の魚雷を抱いた雷撃隊は、ヒッカム基地の上空で隊形を整え、一本の棒のようになって舞いおりていった。

最初にねらわれたオクラホマは、つづけざまに三本の魚雷を左舷艦腹に受け、艦はたちまち左三十度に傾いた。

安定機付きの新型魚雷は、浅海面を信じられぬほど正確に走って、突っ込みすぎて海底に潜るようなのは、一本もなかった。

村田少佐は、目標を注意深く選んでいた。入渠中の旗艦ペンシルバニアに代わって、彼がねらったのは、米戦艦の中でも最新型のウエスト・バージニアであった。

それがいま眼下にあって、戦艦テネシーの外側に繋留されている。だれもまだ手をつけていない。村田少佐機はぐんぐん突っ込んでいった。

この日、この時の一撃にすべてを賭けてきた雷撃隊の指揮官村田少佐機は、米海軍の新鋭戦艦ウエスト・バージニアの巨体が大きく眼前にクローズアップされてきた瞬間、必中の願いをこめて魚雷を発射した。海面上、わずか二十五メートルであった。

あわや体当たりかと思われたその瞬間、村田少佐は操縦桿を力いっぱい引いて、立ちふさがる籠マストすれすれにかすめながら、飛び越えていた。

その間、時間はほんの一呼吸にすぎなかったが、同少佐にとっては、無限の時間が過ぎていくように感じられた。

このハワイでの一撃のために、死に物狂いでやってきた浅海面の雷撃訓練の成果もさることながら、最終段階に入ってようやく完成し、実験もそこそこに大急ぎで装備された安定機《ヒレ》つきの新型魚雷が、水深十二メートルの真珠湾の浅い海面で、うまく作動してくれるかどうか。豪胆でその実細心な村田少佐には、一抹の不安があった。

日露戦争で勇名を馳せた軍神 橘《たちばな》中佐と同じ長崎県・島原半島の出身だった彼は、上官からは信頼され、同僚からは好かれ、部下には尊敬されていた。

どのような場合にも、彼が座にあらわれると、それまで沈うつだった空気が、いっぺんに明るくなるのが常であった。

機動部隊がハワイに向かって、トラの尾を踏む思いで東進を続けていた時もそうだった。

赤城の艦橋甲板では、飛行将校がよくたむろして、雑談の花を咲かせていた。

そして屈託のない談笑の中心には、いつも「ぶつ」という出所不明の愛称で呼ばれていた村田少佐がいた。

真珠湾攻撃計画の中で、最大の期待を持たれていたのは雷撃隊で、奇襲成功の暁は、その雷撃隊が一番槍を承ることになっていたから、指揮官の村田少佐は一番槍のそのまた一番槍である。

雑談の花が咲いたところで、私は村田少佐に注文をつけた。

「おい、ぶつ。君は真っ先に攻撃するんだから、敵の旗艦をねらわなければならん。それも、長官室の真下に魚雷をぶち込んでもらいたいんだ」

「そうだ、そうだ」

まわりにいた淵田中佐（総指揮官）や千早大尉（第二次攻撃隊の第十一攻撃隊指揮官）といった連中も同意した。

「えっ！　じゃキンメル（米太平洋艦隊司令長官）がですね、朝食のコーヒーカップを、こういうふうに半分持ち上げたところへ、ドカンとやるわけですかね。こりゃ困った。参謀、楽じゃないですよ、それは……」

爆笑の渦が、赤城の艦橋甲板に広がっていった。村田少佐の表情からは〝一抹の不安〟すら見出せなかった。

新型魚雷の安定機は、ものの見事に作動した。振り向いた村田少佐の目に高く上がった水柱が映った。

偵察員は声高く叫んだ。

「アタリマシタ！」

雷撃隊の突入を掩護しながら、敵機を索《もと》めて上空にあった制空隊（戦闘機隊）は、村田少佐たちの雷撃ぶりを空から見ることができた。

戦闘機隊の志賀淑雄大尉（第二制空隊指揮官）によると、

「上から見ていると、雷撃機の進むのが、非常に遅く感じられた。それはまるで、アリが地面をはっていくようだった」

「雷撃機が次から次へと、低空で魚雷を発射していくさまは、ちょうどトンボが水面に卵を産みつけているようにも見えた」

という。

ウエスト・バージニアの舷側に、次々と大きな水柱が上がり始めたころ、敵の対空砲火もようやく激しくなった。各艦とも戦闘配置について、対空機銃が狂ったように火を吐いた。

その中をかいくぐるようにして、超低空から魚雷をお見舞いしては、ねらった艦艇のマストをかすめて反転していく雷撃隊必死の攻撃は続いた。

二列に並んだ戦艦群の内側、岸壁に直接つながれていた艦は、魚雷攻撃をまともに受けなかったため、ホッとしていたようだった。が、それもつかの間、次に始まった水平爆撃隊の攻撃の前には、どうすることもできなかった。

淵田総指揮官直率の第一集団（水平爆撃隊）の各隊が、爆撃を開始したのは、午前八時五分（ハワイ時間）ごろである。

開戦を間近に控えて、急速に精度を高めた水平爆撃隊の腕の見せどころであった。大型爆弾の第一発は、メリーランドの前甲板を貫いて、船倉内で炸裂した。続いて小型爆弾が降り注いで、同艦を大破させた。

淵田中佐の編隊は、ウエスト・バージニアの内側にいて、魚雷攻撃の難を免かれたテネシーと、戦艦群と少し離れて最南端に繋留されていたカリフォルニアの両艦に、攻撃を集中した。

テネシーには、大型爆弾二発が命中した。一発は不発に終わったが、他の一発はテネシーの砲塔を破壊したばかりでなく、その破片が外側に並んで繋留されていたウエスト・バージニアの艦橋にまで飛んでいき、艦長のマービン・ベンニオン大佐に重傷

（のち戦死）を負わせた。

すでに魚雷数本を受けて、大きく傾斜していたウエスト・バージニアは、その後に命中した二発の爆弾によって、遂に海底に〝着座〟した。

単艦で繋留されていたカリフォルニアは、すでに三本の魚雷を受けて大破していたところへ、命中した大型爆弾一発と至近弾数発で、その場に擱坐《かくざ》するに至った。

艦列の最北端に碇泊していたネバダは、左舷前部に魚雷一本を受けながら、フォード島の南東端近くまで脱出していた。そこへ第一次攻撃隊に代わって進入した第二次攻撃隊の急降下爆撃を受け、対岸の乾ドック付近で擱坐した。

水平爆撃隊最大のお手柄は、戦艦アリゾナの爆沈であった。

戦艦アリゾナが、真珠湾の天地をゆるがし、火山のような大爆発を起こして、火炎と黒煙を噴き上げ、巨体を二つに折って沈んだのは、雷撃隊から最初に魚雷三本を続けざまに受け、左三十度に傾いていた戦艦オクラホマが、横倒しになってマストを海底に刺したのと、同じ午前八時十分ごろであった。

それより少し前、一本の魚雷がアリゾナの外側にぴったり横づけされていた工作艦ベスタルの鼻っ先を通過して、アリゾナの第一番砲塔下に命中したが、致命傷とはならなかった。

アリゾナを一瞬のうちに爆沈させたのは、やがて飛来してきた水平爆撃隊（九七式艦上攻撃機）から投下された「大型爆弾」が四発も続いて命中し、その中の一弾が前甲板を貫徹して火薬庫を爆発させ、これが燃料貯蔵庫を誘爆させたからである。

艦上攻撃機には、八百キロ徹甲爆弾（長門級の主砲四十センチ砲弾を改造した新型爆弾）が搭載されていた。

また水平爆撃のめざましい精度向上は、横須賀海軍航空隊の特修科（爆撃専攻）教官の布留川泉大尉が爆撃専修員の名コンビをつれて、昭和十六年四月に第一航空艦隊の旗艦赤城の艦攻隊長として乗り込んできたことに始まる。

名コンビというのは、操縦の渡辺晃、偵察（照準）の阿曽弥之助両一等飛行兵曹のことで、布留川大尉の指導下にこのコンビがあげた爆撃成績は、私たちのそれまでの水平爆撃に対する評価を根底から改めさせた。

機動部隊がハワイに向かって東進を続けていたころ、赤城艦橋で夜間当直に立っていた私は、布留川大尉をつかまえて、半ば冗談まじりの話をした。

「どうだ、爆撃の予想は？」

「ハイ、大丈夫です。自信があります」

「大丈夫?」

「大丈夫です。なにぶんにも相手は碇泊艦ですし、また、二隻ずつメザシのように並んでいるのですから……」

「そうか! だが、水深は十二メートルだ。たとえ大きな損害を与えても、また浮かび上がらせることができる」

「仕方ありません。港の中では……」

「そうではない。砲塔のすぐ横をねらって火薬庫の中で爆発させれば、艦はコッパミジンになる」

「そんな器用なことができるものですか」

「やるんだ、精神力でやるのだ」

「参謀! そんな無理なことをいわないでください」

たしかに無理な注文だ。私も本気でそんなことを期待したわけではない。だが、攻撃の結果はどうか。アリゾナ大爆発の瞬間、さしも激しかった敵の対空砲火も鳴りをひそめたという。

鮮烈破天荒な開戦第一幕第一場は、阿鼻叫喚のうちに終わりを告げようとしていた。

真珠湾のフォード島南東側水道に碇泊していた七隻の戦艦群は、超低空からの魚雷攻撃とそれに続く高空からの水平爆撃にさらされて、ほとんどそのすべてが緒戦の血祭りにあげられていた。

フォード島の北西側に、一列縦陣で碇泊していた軽巡デトロイト、同ローリー、標的艦ユタ、水上機母艦タンジールのうち、最も大型のユタは、航空母艦と見誤られてか、雷撃機の標的となった。

入れかわり、立ちかわり、同艦をねらって舞いおりてくる雷撃機から発射された五本の魚雷は、左舷側に相次いで高い水柱をあげた。艦は四十度に傾斜し、やがて転覆沈没した。

太平洋艦隊の旗艦ペンシルバニアは、この日、フォード島南東対岸の乾ドックに入渠していたため、雷撃機の攻撃にさらされなくてすんだが、急降下爆撃隊はこの乾ドックを見のがさなかった。

同じドックの奥に入渠していた駆逐艦カシンとダウンスは、両艦とも大破した。

電信塔からの電波は、「真珠湾が空襲されている。これは演習ではない」ことを繰り返していた。

米太平洋艦隊司令長官キンメル大将は、午前八時、麾下の全艦隊に急を告げるとともに「全艦隊は真珠湾を脱出せよ」と指令した。

しかし、米海軍きっての俊英といわれたキンメル司令長官にとっての〝魔の時間〟はすでに回り始めていた。

ほどなくして彼は、戦艦アリゾナの爆沈、オクラホマ転覆、カリフォルニアおよびウエスト・バージニアはそのまま沈座――という太平洋艦隊の主力部隊について、悲しい報告を受けなければならなかった。

ハワイの空には、この日も常夏《とこなつ》の太陽が輝き始め、惨たる真珠湾を照らしていた。

午前八時四十分ごろになると、第一次の攻撃に参加した各飛行隊は、ハワイ上空からほとんど姿を消していた。

だが、黒煙に覆われた真珠湾の上空に、日の丸の標識をつけた飛行機が一機、雲間を縫って飛んでいた。

その飛行機の尾翼には、黄と赤の識別模様が照り輝いていた。淵田美津雄中佐搭乗の総指揮官機である。

淵田中佐には、第一次、第二次攻撃隊の各隊が攻撃を終わって引きあげていくのを見届けたうえ、真珠湾上空に残って、その総合戦果を確認する任務があった。

そのころ、機動部隊を一時間後に発進した第二次攻撃隊（嶋崎重和少佐総指揮）百六十七機が、銀翼をつらねてオアフ島北端のカフク岬東方海上に姿を現わしていた。

水平爆撃隊五十四機（嶋崎少佐直率）、急降下爆撃隊七十八機（江草隆繁少佐指揮）、制空隊三十五機（進藤三郎大尉指揮）である。

第二次攻撃隊百六十七機は、カフク岬の東方海上で三手に分かれた。

ハワイ時間で時計の針はすでに午前八時四十三分を指していた。

第二次攻撃隊の任務は、敵の残存兵力を撃滅して、第一次攻撃隊の戦果を拡充することにあった。もはや「奇襲」でない。敵の激しい反撃を覚悟してかからねばならなかった。

先陣を承ったのは、ゼロ戦三十五機編隊の制空隊（進藤大尉指揮）で、その中に加賀分隊長の二階堂易大尉の指揮する第二制空隊がいた。

制空隊は最短経路のオアフ島内側コースをとり、主隊はヒッカム飛行場、他の一隊はカネオへ飛行場に向かった。

外側のコースをとった水平爆撃隊（総指揮官嶋崎少佐直率）は一部をカネオへ飛行場に向かわせたあと、さらに二隊に分かれて一隊はヒッカム飛行場へ、さらに他の一隊はオアフ島南側を迂回して、一路、真珠湾を目指した。

急降下爆撃隊七十八機（江草少佐指揮）はオアフ島東方の山脈を越えて、真一文字に黒煙に包まれた真珠湾をついた。

太平洋におけるアメリカ極東艦隊最大の根拠地「真珠湾軍港」は、その時すでに断末魔にあった。

湾内の艦船はもちろん、各飛行場施設も、ものすごい黒煙に覆いつくされて、第二次攻撃隊は目標を的確に視認することすら困難な状況にあった。

第二次攻撃隊が真珠湾上空に到達したころは、敵陣営もようやく混乱から立ち直っていた。対空砲火は一段と激烈となり、迎撃する敵戦闘機の数も多くなっていた。

そうした中を第二次攻撃隊は、真珠湾にとどめを刺すべく、約一時間半にわたって、繰り返し攻撃を敢行した。

爆撃隊は黒煙の中に見え隠れする飛行場施設や、沈みきらずに海面に姿を残している艦船を索めて、しらみつぶしに爆撃を加えていった。

制空隊はそれを掩護しつつ、挑戦してくる敵戦闘機とわたりあい、鍛え抜かれた海軍航空隊パイロットの絶妙なる空中戦技と名戦闘機「ゼロ戦」の威力を見せつけた。

さらに地上基地の施設や焼け残っている飛行機に対しても、縦横に銃撃を浴びせかけ、これを大破、炎上させていった。

だが、敵の対空砲火による損害は第一次攻撃隊の未帰還九機、被弾四十六機に対して、第二次攻撃隊のそれは未帰還二十機、被弾六十五機以上にものぼった。

一次、二次の攻撃を終えて、各隊がそれぞれの母艦に帰投した時、天候は一段と悪化していた。海のうねりは高く、艦の動揺もまた激しかった。

そのため、傷ついて帰ってきた飛行機の着艦は、特に困難をきわめた。

やっとたどりついた母艦の甲板に激突して、機体をこわすものもいくつかあった。

「じゃ、ちょっと行ってくるよ」と飛び立っていった総指揮官淵田中佐は、私との間に一つの約束事をしていた。

それは、敵陣営に邀撃の準備がなかった場合には、トラ信号「・・—・・　・・・」を三回繰り返して発信することであった。

つまり「奇襲成功」を意味する合図である。

奇襲に成功するかどうかは、事後の作戦に重大な影響があるばかりでなく、長駆してハワイ海面に出撃してきた機動部隊の運命にもかかわることである。が、それにも増して気がかりだったのは、水雷攻撃の効果であった。

機動部隊の旗艦「赤城」の艦橋にあって、オアフ島上空からの入電を待ちうけていた私は、全軍突撃の「ト連送」に続いて受けた「トラ信号」によって、おおむね順序よく攻撃が行なわれているらしいことはほぼ想像できた。

だが、攻撃効果の入電、ことに雷撃隊のそれがあるまでは安心できなかった。

息を詰めて待つうちに、全攻撃隊の中で一番先に入ってきたのは、その雷撃隊からの攻撃効果の報告であった。指揮官村田少佐が打った電文には、

——われ、敵主力を雷撃す、効果甚大

とあった。

「コウカジンダイ！」の電報を受け取った時ほどうれしかったことは、私の過去には

ない。

そのとき、赤城の艦橋には機動部隊指揮官の南雲中将、草鹿参謀長以下各幕僚がいた。みんな顔を見合わせてニッコリとした。軍人として〝至福の瞬間〟とでもいうべきであろうか。

私と真正面で見合っていた南雲長官の〝会心の笑み〟ともいえる微笑は、今でも忘れることができない。

両の手を組んだ南雲長官が、うつむき加減にひとりコツコツと靴音をたてながら艦橋を歩き出した。が、だれも長官に声をかけない。黙ってその姿をじっと見守っていた。積年の苦労が報われたのである。日本海軍で〝水雷の神様〟といわれてきた南雲中将の心中は、察するに余りあるものがあった。

「われ、敵主力を雷撃す、効果甚大」との村田報告に続いて、各攻撃隊指揮官から電報が引きも切らず入ってきた。

――われ、敵主力を爆撃す、効果甚大

――われ、敵基地を爆撃す、効果甚大

といった電報の洪水の中で、

——われ、敵基地を爆撃す、効果小

というのが、一本だけまじっていた。

やがて、第一次攻撃隊が帰投し始めた。村田雷撃隊長も無事帰ってきた。

「おい、ぶつ（村田少佐の愛称）、あれほどうれしい電報はなかったぞ！」

「そうですか、発射を終わり、敵艦のマストをすれすれに飛び越して後ろを振り向くと、水柱があがっていました。気がつくと、まわりは敵弾が火をひいて走っている。おっとっとお！　と大急ぎでその場を飛び出しました」

村田少佐は、いつものおどけた調子で話していた。

「獅子翻擲《ほんてき》」

第一次、第二次攻撃隊がほとんど母艦に引きあげていったあとも、前後約三時間、真珠湾上空にあって総合戦果を見届けた淵田中佐搭乗の総指揮官機も帰ってきた。

途中、残された第二次攻撃隊の戦闘機を誘導しながら、最後に母艦「赤城」に帰投した淵田中佐の乗機も、胴体後部に地上砲火による被弾で大穴があいていた。

「おい、淵！　ご苦労だったなあ」

私は、兵学校同期（五十二期）で本作戦を成功させるために一心同体でやってきた淵田中佐にねぎらいの声をかけた。

「うん、ざまあ見やがれ！　といいたいところだ。出てきやがったら、またひねってやるよ」

彼はまるで草野球でもやったあとのような調子で答えながら、戦果その他を報告するため、赤城の艦橋に昇っていった。

真珠湾攻撃の総隊長淵田中佐は、機動部隊指揮官南雲忠一中将に対して、攻撃結果をおよそ次のように報告した。

――戦艦四隻撃沈、四隻大破ないし大破以上。この八隻に限り、今後少なくとも半年間は動けないと思う。航空母艦を逸していることであるし、敵の反撃は当然あり得ると考えた方がよろしいのではないか。オアフの地上基地に関しては、格納庫が大火災でよくわからないけれども、三時間（真珠湾上空にいた間）、舞い上がってくる戦闘機が一機もなかったくらいだから、そう大きな力が残っているとは思えない。

南雲中将は、この報告に満悦した。

第一航空艦隊司令長官で機動部隊指揮官の南雲中将に与えられた責務は、大海令第九号に基づく大海指第十六号で、「第一航空艦隊を基幹とする部隊をもって、開戦劈頭ハワイ所在の米国艦隊を奇襲し、その勢力を減殺するに努む」ことにあった。

それがこの〝大戦果〟である。南雲中将が「あとのことはどうでもいい」という気になったとしても、決しておかしくはない。

「総隊長、次の攻撃を実施するとして、目標は何にするか？」

南雲司令長官と一緒に報告を受けた草鹿参謀長が、淵田中佐の意見を求めた。

「敵の戦艦は、撃沈したといっても、アリゾナ型二隻を除いて、他は水深の浅い湾内で、腰をつけているだけです。サルベージがすぐ引き揚げにかかると思います。次の目標は、工廠をはじめ軍の修理施設と所在の重油タンクをねらいたいと思います」

淵田中佐は、ダメ押しの第二回攻撃を具申したようだが、長官からも参謀長からも、しかとした答えはなかった。

「よし。ご苦労だった。休んでおれ」

といわれて、艦橋を下りていく淵田中佐の脳裏をかすめたものがあった。「獅子翻擲」なる禅語である。

再度出撃の意見を述べて、赤城の艦橋を出た淵田中佐は、ほどなくして艦内の令達器が、

「戦闘機だけ残し、他の飛行機は格納庫に収容せよ」

と声高に告げるのを聞いた。

「やっぱり、そうか！」

淵田中佐の脳裏をかすめた「獅子翻擲」というのは、実は淵田自身のものではない。

無刀流の使い手で、禅をよくした草鹿龍之介少将（機動部隊参謀長）が、日ごろから好んでよく口にしていた「禅語」なのである。

――獅子が獲物に向かう時は、全力をつくしてかかるが、いったん、それをたおしたら、そこに心をとどめず、他へ転じる。

というのが、その語意である。

日本海軍にとって、乾坤一擲《けんこんいってき》の真珠湾攻撃が、予想外の成果を収めて終わった時、草鹿参謀長の頭の中に、この「獅子翻擲」なる禅語が鮮やかに浮かんだとしても不思議ではない。

それに、もともとこの奇襲作戦は、のるかそるか「攻撃は一度だけ」と最初から決まっていたのである。

起こった事件が突発的であり、劇的であればあるほど、後になって様々な臆測《おくそく》や色づけがなされる。真珠湾攻撃の場合も、例外ではない。

それというのも、奇襲の成果が予想外に大きく、いわば〝できすぎ〟ていたからだろう。

ハリウッド映画『トラ　トラ　トラ！』などで、淵田中佐が私に「もう一度、攻撃させろ!」といったことになっているが、あれはウソである。また私が南雲長官や草鹿参謀長に対して、再度出撃を迫ったというのも、これまたウソである。

淵田中佐は、もう一度出撃するつもりで、士官室で腹ごしらえしていたし、第二航空戦隊司令官の山口多聞少将は「われ、第二出撃準備完了す」と催促の信号を送ってきた。また第三戦隊司令官の三川軍一中将からも、もう一度攻撃を加うべきである旨の意見具申があったことは事実である。

だが、そのころは、朝から悪かった天候が一層悪化し、夜間攻撃を終えて帰ってくる飛行機の収容は、不可能な状態にあった。それは敵の潜水艦よりも危険だった。

参加した航空母艦六隻の半数はやられることを覚悟して敢行した作戦だったが、飛行機二十九機、搭乗員五十五人を失っただけで、艦隊としては、かすり傷一つ負っていない。

敵艦隊の主力と航空兵力の大部分を撃滅して、作戦の目的はほぼ達成されたと判断される。このうえさらに、燃料タンクや修理工場をたたくために、重大な危険を冒してまで、もう一度攻撃をかけることは、いたずらにわが方の損害を著しく増大する結果を招くことになるのではないか。

「長官、予定通り引き揚げましょう」

草鹿参謀長の意見に、南雲中将はうなずいた。

第一次、第二次攻撃隊を各母艦に収容した機動部隊は、所在不明の敵空母に気を配りながら、針路を北北西にとった。時計の針は、午前九時（日本時間）をかなり回っていた。現地では、日没まで三時間余りしかない。

「もうこれ以上、攻撃はしない」

草鹿参謀長は、幕僚たちを顧りみて、そう断言した。

全力をあげて、獅子は獲物をたおした。あとはそこに心をとどめず、他に転じる——獅子翻擲なる草鹿少将好みの禅語に封印されて、真珠湾に対する再度攻撃の幕は開かれなかった。

針路をそのまま北にとって、戦場を離脱しつつあった機動部隊司令部から、一つの命令が全艦隊に伝えられた。午後三時五分のことである。

——当隊は、今夜、敵の出撃部隊に対して警戒を厳にしつつ北上し、明朝、付近の敵を索めて、これを撃滅せんとす。

「明朝、付近の敵を索めて……」というその敵とは、所在不明の空母が現われたら

――ということなのである。

続いて司令部は、敵前に展開して哨戒の任に当たっていた潜水艦部隊に対して、

――速やかに原隊に復帰せよ
との命令を発した。

長く世界戦史に残るであろうハワイ作戦は、この潜水艦部隊に対する「原隊復帰」の命令をもって事実上、終了した。


機動部隊が予定通り「一度だけ」の攻撃に、信じられないほどの戦果をあげて帰路についたころ、瀬戸内海の柱島水域にあった連合艦隊の旗艦「長門」では、機動部隊に対して①もう一度、真珠湾に攻撃をかけること②敵の空母部隊を索めて、ハワイ南方まで進撃すること――を電命すべきであるとの意見が強く出されていた。

ハワイ作戦に関する連合艦隊の作戦命令には、大きく分けて第一法（予期通り作戦が行なわれた場合）、第二法（失敗した場合）、第三法（予期以上の成果を挙げた場合）の三通りがあった。

第一、第二法についてはキメ細かい規定があったが、第三法の予期以上の成果を挙

げた場合については、細目の規定はなかった。

連合艦隊の幕僚たちは、当然ここは追撃戦を敢行して、戦果を拡大すべきであるとして、ほとんど全員一致で「機を逸せず第二回ハワイ攻撃を実施せよ」という意味の命令文案をしたため、山本司令長官にその電命方を具申するに及んだ。

山本司令長官はこれに対して、

「そこまでやれれば満点だが、それはちょっと無理だろう。味方の被害の程度や、現地の状況も詳しくわからないのだから、ここは第一線の機動部隊指揮官の判断にまかせよう。やれるものなら、言われなくてもやるさ」

と言って、機動部隊に電命することを差し止められたとのことである。

連合艦隊司令部は、山本長官の意向で機動部隊に対する「再度出撃」の電命は差しとめられた。が、その代わり次の電命を発した。

——機動部隊ハ帰途情況ノ許ス限リ「ミッドウエー島」ヲ空襲シ、之ガ再度ノ使用ヲ不可能ナラシムル如ク徹底的撃破ニ努ムベシ。

しかし、この電命はあっさり〝無視〟された。

「情況ノ許ス限リ」とやや遠慮気味に打たれてきた電命を受けた機動部隊は、帰り道にちょっとミッドウエーに立ち寄って、同島を空撃して再起不能にするような、そんな余裕のある情況になかった。

それは、不敗の横綱双葉山《ふたばやま》をたおした安芸《あき》ノ海《うみ》に、親方のおかみさんが電話をかけてきて、おめでとうともいわないで「帰り道に八百屋に寄って、大根を二、三本買ってこいと、親方が言っているよ」とまあ、そんな風にも受け取られた。

半分はやられる、と覚悟していた日本海軍のトラの子（空母六隻）は、幸いにして無傷のままである。これをいかにしてそのまま持ち帰るか——敵の反撃に気を配りながら、ハワイ水域から針路を北北西にとって帰途についていた機動部隊は、帰心矢のごときものがあった。

禅の熱心な帰依者で一言居士で知られていた草鹿参謀長も、

「そんなことが、できるもんか！」

とただ一言。勝手なことを言って来るなといわんばかりだった。

そのころ、ラナイ島西方の海中に身を潜めた五隻の潜水母艦が、子供の安否を気遣う母親のように、その帰りを待ち続けていた。

水中からの特別攻撃隊、五隻の特殊潜航艇を真珠湾に向けて発進させたあと、終日、定められた位置にあって潜航、監視を続けていた。

やがて、夜になった。浮上した母艦は、特殊潜航艇の搭乗員を収容する予定海面に向かった。その夜、海上は平穏で、視界も悪くなかった。

だが、特殊潜航艇の姿はなかった。収容予定海面を終夜、くまなくさがしてみたが、その夜は何の消息も得られないままに明けた。

翌日も、昼間は潜航して監視を続け、夜になると浮上して、切ない思いで特殊潜航艇の帰投を待った。

その心情は、航空母艦にあって、出撃機の帰りを待ちわびる飛行隊長を始め、乗組員のそれと全く同じであった。

その夜も、潜水母艦の願いもむなしく、時刻はどんどん過ぎていった。

特別攻撃隊指揮官の佐々木大佐は、ハワイ時間の九日夜明けを待って、伊二十、伊十八、伊二十四の各潜水母艦に対して待機配備を解いた。そして、あとも伊二十二、伊十六の両潜水艦で付近の沿岸を捜索させた。が、杳《よう》として消息はなかった。

特殊潜航艇の収容は、断念せざるを得ない。佐々木大佐が断腸の思いでそう判断したのは、十一日早朝であった。

獲物をたおしたあとは、そこに心をとどめず、他に転ずる獅子のように、一路、帰途についた機動部隊だが、その残した獲物（戦果）は大きかった。

攻撃終了直後の戦果判定と後から入手したアメリカ側の資料（カッコ内）とをつき合わせてみよう。
▽アリゾナ型戦艦＝大爆発、大破（アリゾナ、完全損失、戦隊司令官および艦長戦死）
▽ウエスト・バージニア型戦艦＝轟沈（ウエスト・バージニア、浮揚時期は不明なるも、後に艦隊復帰）
▽カリフォルニア型戦艦＝大破（テネシー、昭和十七年十二月ピューゼットサウンドに回航）
▽ネバダ型戦艦＝中破（ネバダ、災上擱座、昭和十七年二月ピューゼットサウンドに回航）
▽アリゾナ型戦艦＝轟沈（オクラホマ、転覆大破、後に完全損失、廃棄）
▽ウエスト・バージニア型戦艦＝大破、大火災（メリーランド、小破、昭和十七年二

月艦隊復帰）
▽ウエスト・バージニア型戦艦＝大破沈没（カリフォルニア、沈没、昭和十七年三月浮揚、ピュージェットサウンドに回航）
▽オクラホマ、ネバダ型戦艦＝中破（ペンシルバニア、損害軽微）
▽甲巡または乙巡＝沈没（乙巡ヘレナ、機械室と缶室に浸水、小破）
▽オマハ型、乙巡＝小破（軽巡ローリー、大破、第二缶室、前部機械室に浸水）
▽駆逐艦二隻＝大破（駆逐艦カッシン、ダウンズで、ダウンズ搭載の魚雷頭部に投下爆弾が命中、両艦とも大破、大火災）
▽駆逐艦一隻＝大破（駆逐艦ショー、爆発で艦首が吹き飛び、浮きドックと共に大破）
▽旧戦艦・標的艦ユタ＝轟沈（ユタ、転覆し完全損失）
▽給油艦二隻＝沈没（一隻は工作艦ベスタル、被弾後独力にてフォード島北東側に移動して浸水、擱座。他の一隻は給油艦ネオショー、これには命中弾なし）
▽機雷敷設艦オグララ＝攻撃せず（魚雷一本が艦底を通過、軽巡ヘレナ側にて命中爆発、ために艦底を損傷、移動中沈没）
▽水上機母艦カーチス＝命中弾なし（急降下爆撃機一機、右舷側に体当たり。ために

火災、中破)

ざっと以上である。

飛行機の撃墜破についての戦果判定(カッコ内は米国側判定)は、フォードで二十四機(二十七機)、ヒッカムで三十七機(三十四機)、ホイラーで七十八機(八十八機)、バーバースで六十二機(四十三機)、カネオヘで四十機(三十二機)、ベローズで六機(六機)、計二百四十七機(二百三十機)となっているが、わが方はこのほか空中戦で十七機を撃墜している。

それにつけても、敵空母(エンタープライズ、レキシントン)を撃ちもらしたことは、残念至極というほかはない。

事後の作戦経過を考えると、これは戦艦の三隻や四隻には替えられないものがある。敵空母が二隻とも真珠湾軍港に在泊していたか、あるいはわが索敵圏内にいたならば、どうなっていただろうか。

防御力の薄弱な空母のことだから、再起できないほどの打撃を与えることができ、その後の戦局に大きく影響したであろうことは疑う余地はない。その点、アメリカ軍にとっては幸運、わが方にとっては全くの不運であった。

では、日米戦争の勝敗にまで影響したかというと、そうはいかなかったであろう。戦争の中期以降、たたいてもたたいても、次から次へと出現してきた敵の大兵力は、開戦劈頭に空母の一隻や二隻やったところで、どうにもなるものではなかった。

また第一撃で、あれほどの成果をあげながら「獅子翻擲」してさっさと引き揚げたことは、兵術家として失点であるとする向きが今でもある。では、あの時、果たして再出撃ができたろうか。

当日、第二次攻撃隊の最後の一機が着艦したのは、午前十時（日本時間）に近かった。日没前三時間である。

第一次、第二次攻撃隊は、着艦すると直ちに敵艦船からの攻撃に備えて、兵装を変えた。つまり攻撃機は全機雷装、爆撃機は通常爆弾を装備していた。

機動部隊がその時、即時使用できる飛行機は二百六十五機（艦攻百八機、艦爆六十七機、艦戦九十機）であった。

これらを陸上攻撃用（目標は残存の工廠、重油タンク等）に兵装し直して、再び集団攻撃を行なうとすれば、発艦時間は早くても十二時ごろになる。夜間攻撃、夜間収容となることは必定であった。

しかも、作戦海面の天候は一段と悪化、風速は十三〜十五メートル、うねりは大きく雲は重くたれこめて、母艦は最大十五度のローリングをしていた。平時ならば、当然「演習中止」である。

そのような状況の下で、十分な成果を期待し得る攻撃を実施するためには、大攻撃隊を必要とする。第一回攻撃で敵に与えた損害に比べれば、損害軽微であるとはいえ、攻撃開始前に保有していた三百九十九機の約三分の一（注＝未帰還二十九機、損傷八十六機）はすでにやられていた。

悪天候の下での夜間攻撃が非常な危険を伴うことはいうまでもない。それをよく成し得たとしても、戦い終わって帰って来る攻撃隊の収容、これが問題である。あの海面で、大攻撃隊の夜間収容をやった場合、練度の高い海軍航空隊の精鋭といえども、その混乱は想像に余るものがあり、相当の損失を覚悟しなければならなかった。

敵空母が少なくとも二隻、ハワイ近海にいることはわかっていた。その所在がつかめないまま再度出撃し、夜間収容のため飛行甲板に点灯しているとき、敵母艦機の攻撃でも受けたならば、それこそ兵術を知らざるものとして、一世の笑い者にされたことであろう。

草鹿参謀長は戦後、当時を回想して、ハワイ作戦に出撃する前、軍令部から「空母を損傷しないように」と強く要望されていたという。

また第一航空艦隊で私の次席で航空乙参謀だった吉岡忠一少佐も、

「この一戦に身命を賭し、骨身を削って訓練と準備に明け暮れ、死生を超越した大勝負を終わって帰って来たばかりの搭乗員達を、さらに危険度を増した攻撃に投入する気にはなれなかった」

と回想している。

機動部隊指揮官の南雲長官にしても、思いはおそらく同じであったろうと思われる。

真珠湾に在泊していた米太平洋艦隊の主力に大打撃を与え得たが、なお撃ちもらしたものが皆無とはいえず、特に空母二隻の所在は依然としてつかめていない。潰滅状態とはいえ、敵の基地航空部隊にも若干の反撃能力は残っているだろう。

――当隊は今夜、敵の出撃部隊に対し警戒を厳にしつつ北上し、明朝、付近の敵をもとめてこれを撃滅せんとす。

との命令を全艦隊に伝え、いったん北上して敵機の哨戒圏から脱出した上で、敵の基地飛行機の威力圏外から所在不明の敵空母を捜索、もし発見したならば、これを撃滅しようと決心した南雲長官の第一線指揮官としての判断は正しかったといえよう。

翌日、夜明けを待って広範な海面にわたって、索敵行動を実施したが、遂に敵空母を発見するに至らなかった。

もし反転して、再びハワイ攻撃を敢行するとなれば、九日の早朝がラストチャンスである。だが、これも敵空母の所在を確認しないままで実施することはできなかった。

警戒態勢のまま、二十四〜二十六ノットの高速で、針路を北にとり続けた機動部隊は、十二月九日（日本時間）の日の出ごろには、オアフ島の北北西約六百カイリの海面にまで退避していた。

一方、ハワイの米軍側は、奇襲攻撃を受けた混乱から、まだ立ち直ることができないでいた。

北北西に向けて、戦場を離脱しつつあった機動部隊に対して、有効な反撃に移るほどの余裕は持っていなかった。

洋上にあった二隻の空母（エンタープライズ、レキシントン）にしても、オアフ島が不意に攻撃を受けて大混乱に陥っているということは知っていた。

だが、その敵（日本軍）がどの方面から、どのくらいの規模で来襲してきたのか、肝心な点については、何一つ正確な情報は持っていなかった。

しかも、二隻の空母はそれぞれ別の海域にあった。そのため協同行動をとることもできず、これまた有効な反撃を実施する状態にはなかったようである。

かくして、日米空母群による初の対決は行なわれないまま、ハワイ海戦は終わった。

帰り道にできればミッドウエー島を空襲、再使用できないよう「徹底的撃破に努むべし」との電命は、悪天候その他の情況が許さず、機動部隊主隊による作戦は実施されなかった。

しかし、ハワイ作戦の一環として計画されていた「ミッドウエー破壊隊」による攻撃は行なわれていた。

第一航空艦隊第七駆逐隊（司令、小西要人大佐）に属する潮《うしお》、漣《さざなみ》の駆逐艦で、指揮官は小西司令であった。

ミッドウエー破壊隊の任務は、第一航空艦隊（機動部隊の基幹）と別行動をとり、十一月二十八日に館山《たてやま》（千葉県）を出撃、十二月八日未明（日本時間）ミッドウエー島に接近し、機動部隊のオアフ島・真珠湾攻撃の時刻にあわせて、所在航空基地に砲撃を加え、地上の基地施設等を破壊することにあった。

両駆逐艦がミッドウエー所在の目標を確かめ、三千メートルまで接近して砲撃を開始したころは、現地時間で午後八時半を回っていた。

ミッドウエー島には当時、海軍の飛行艇十二機が配備されていた。一機は修理中、五機は真珠湾攻撃の報を受けて、四百五十カイリも南方の海域を哨戒中であった。また四機は、オアフ島に緊急移動を命ぜられて出発していたし、残りの二機は、同島基地へ哨戒爆撃中隊を移送してくる空母レキシントンを途中まで出迎えるため、出動中であった。

従って、潮、漣の両艦による砲撃に対して、反撃してくる飛行機は一機もいなかった。両艦は折からの月光を利して、基地の格納庫と燃料タンクに砲弾を浴びせかけ、これを破壊、炎上させた。

島にあった砲台からは、あわてふためいたように探照灯が一斉に照射され、砲撃も加えられてきたが、一発も命中しなかった。

開戦日の八日夜半近く、中部太平洋の月光を浴びての駆逐艦対地上砲台の砲戦は、約五十分間つづいた。

かくして、ミッドウエー破壊隊の駆逐艦二隻は、小さな珊瑚礁のために、接近時においてその所在発見に手間取ったミッドウエー島をあとに無事、戦場を離脱して帰途についた。

ワンサイド・ゲームに終わった月光下のミッドウエー島砲撃は、真珠湾攻撃で太平洋艦隊の主力を失い、狼狽《ろうばい》の極にあった敵の心胆を一段と寒からしめたことは疑いない。

それはともかく、惨たる真珠湾に心をとどめず、引き揚げを決意した機動部隊は、やがてマレー沖において、イギリス極東艦隊の主力である戦艦二隻が、海軍基地航空部隊の猛攻撃を受け、相次いで沈むという快報に接することになる。

真珠湾で示したばかりの艦上機の威力を、今度は基地航空機（陸攻）が物の見事に立証したのである。

大艦巨砲時代への訣別を告げる、それは弔砲でもあった。

十二月八日未明（日本時間）、真珠湾のアメリカ艦隊に加えられた艦上機による一撃は、戦艦を海軍の主兵としてきた固定概念を永久に霧消させるものであった。

さらに、それから二日後の十二月十日、日本海軍航空隊の腕のさえが、決して〝まぐれ当たり〟ではないことがわかるにつれて、世界の海軍戦術家は驚倒した。

イギリス極東艦隊の誇る新鋭戦艦プリンス・オブ・ウェールズと巡洋戦艦レパルスが、マレー半島東岸のクワンタン沖で、陸上基地から発進した日本海軍機の魚雷攻撃によって、相次いで海底に葬り去られたのである。

それは第二次世界大戦で、洋上を航行中の戦艦が、航空攻撃だけで撃沈された最初の大事件であった。

ワシントン会議（大正十年）で米・英・日の三大海軍国が保有すべき主力艦の総トン数を十・十・六の比率に制限され、さらにロンドン会議（昭和五年）では、補助艦艇も全体で対米英六割九分に抑えられた。六割海軍、不戦海軍の苦しい時代は長かった。

伝統的な戦艦主兵の考え方に挑戦して、それに代わる航空主兵論をひっさげて「基地航空部隊」の育成に努めてきた大西瀧治郎少将は、その基地航空部隊を統轄する第十一航空艦隊参謀長である。

長い間、手塩にかけてきた海軍航空隊による真珠湾攻撃の成功に続くこの快挙は、大西少将の先見の明をはっきりと裏付けていた。

太平洋をへだてて東北と西南——日本海軍航空隊を獅子にたとえるならば、ハワイ・真珠湾で米海軍の戦艦群をその泊地で打ちのめしたあと、一転して、今度は英海軍の主力に襲いかかり、これを瞬時にして屠《ほふ》るという、文字通り「獅子翻擲」の離れ業を演じたことになる。

私は、ハワイに対する再度攻撃を断念して、日本に向け引き揚げにかかった機動部隊から、遥か西南太平洋にあって、基地航空部隊の快挙にニンマリとしておられるのであろう大西少将をしのんで、ひとり悦に入っていた。

聞くところによると、マレー沖海戦の戦果を誰よりも一番喜んだのは、連合艦隊の山本司令長官であったようだ。

イギリスの戦艦二隻が、南シナ海を速力十四ノット（時速二十六キロ）で北上中との知らせが、潜水艦「伊六十五」から連合艦隊の旗艦「長門」に入ったのは、十二月九日の午後であった。

英極東艦隊の根拠地シンガポールへ、開戦間近になって戦艦二隻が急派され、さかんに行動していることはわかっていたが、それが新鋭戦艦のプリンス・オブ・ウェールズと巡洋戦艦レパルスであることは、まだわかっていなかった。

連合艦隊司令部では、その戦艦二隻はキング・ジョージ五世とレナウンではないか、と推定していた。

初見参の英戦艦二隻に対する基地航空兵力だけの戦いは、航空主兵をはっきり立証してみせるチャンスであった。

サイゴン周辺の航空基地からは、九六式陸攻と一式陸攻の編隊三十機が、魚雷が間に合わず、とりあえず五百キロ爆弾を抱いて飛び立った。

しかし、その日（九日）は南シナ海を北上中という敵艦を発見できないまま夜になり、攻撃は取り止めになった。

そして翌十日の朝、南部仏印（現在のベトナム南部）の基地から再び八十四機の攻撃隊が進発した。今度は魚雷も間に合った。

艦上機と違って、陸攻の機内はゆとりがある。総指揮官の宮内七三少佐以下、攻撃に向かう搭乗員達は、それぞれの機内で十分腹ごしらえをした。

見失った英戦艦二隻は、どこにいるのか。攻撃隊は広大な南シナ海に敵影を索めて南下し続けた。あと三十分以内に「敵発見」の知らせがなければ、この日も攻撃を中止するしかない。

その行動可能な限界点に達するギリギリのところまで進出した時、先行の索敵機から待ちに待った電報が入った。十一時四十五分であった。

「敵主力艦見ユ。北緯四度、東経一〇三度五五分。一一四五」

その海面は、マレー半島のクワンタン沖である。攻撃隊は翼をひるがえし、機首をクワンタン沖に向けた。午後一時四十分、攻撃機は一群となってその上空に殺到した。三隻の駆逐艦に囲まれて航行中の二隻のイギリス戦艦は、迷彩を施していたせいか薄ぎたなく見えた。雷撃機の活躍は、真珠湾と同様、ここでもまた目覚しかった。

先にねらわれた巡洋戦艦レパルスは、命中した魚雷の水柱が幾本か立ち昇ったと見る間に、突如として黒い煙を噴き出し、あっという間にその姿を海面から消した。轟沈（雷撃されて三分以内に沈没）である。

レパルス轟沈の報は、連合艦隊の旗艦「長門」の作戦室を沸き立たせた。それから三、四十分後、長門の伝声管は暗号長新宮等大尉の歓喜に満ちた奇声を響かせた。

「またも戦艦一隻沈没！」

それは英海軍の誇った新鋭戦艦プリンス・オブ・ウェールズの最期を知らせる声であった。

戦闘態勢にある洋上の敵戦艦に対しては、こちらも戦艦を出して戦わなくては、決定的な結果は望めないとする考え方は根強くあった。

そうした戦艦主兵の考え方に対して、山本司令長官は、

「持ちゴマ互角の将棋は妙味がない。米英相手の将棋では、そんなぜいたくは許されない。歩で王を食うことを考えなくてはならんのだ」

と第十一航空艦隊麾下の基地航空隊だけの兵力で戦艦二隻に立ち向かわせた。

かくして、ハワイで獅子は翻擲し、マレー沖では歩（飛行機）が王（戦艦）を食ったのである。

この事実に注目したのは、米海軍であった。

機動部隊は十二月二十三日、豊後《ぶんご》水道を抜けて、約一カ月ぶりに日本へ帰ってきた。

私は途中、大本営と海軍省に作戦の経過と結果を報告するため、小笠原から飛行機

で東京へ直行した。

母艦の搭載機は、豊後水道の入口でそのほとんどが陸揚げされ、攻撃隊総指揮官の重責を果たした淵田美津雄中佐も、鹿児島の鴨池基地に帰っていった。

その晩、仲間と飲んで騒いでいた淵田中佐のもとへ、連合艦隊の旗艦「長門」から電報が入った。

山本長官がお待ちだから、明朝、岩国に飛び、そこへ飛行機を置いて内火艇で第一航空艦隊の旗艦「赤城」へ戻ってくるようにとのことであった。

翌日、赤城に帰ってみると、山本司令長官が、東京から来訪中の永野軍令部総長と一緒に、待っていた。

「オウ、隊長、来たか」

と淵田中佐を迎えた山本長官は、

「よくやったぞ」

と中佐の手を固く握った。

このあと山本長官は、大任を果たして帰ってきた機動部隊の各級指揮官に対して、連合艦隊司令長官として訓示した。

だが、その語調は、ついさっき淵田中佐に声をかけた人と同じ人と思えないほど厳しいものであった。

長官に随行していた連合艦隊航空甲参謀の三和義勇大佐によると、各級指揮官はまるで叱られているような調子だったという。

山本長官が行なった訓示の骨子は、次のようなものである。

「真の戦《いくさ》は、これからである。この度の奇襲の一戦に心驕《おご》るようでは、ほんとうの強兵とは言い難い。勝って兜《かぶと》の緒を締めよとは、正にこの時のことで、諸士は決して凱《がい》旋《せん》したのではない。次の戦に備えるため、一時帰投したのであって、今後一層の戒心を望む」

山本長官の訓示のあと、永野軍令部総長のあいさつ、記念撮影ののち、士官室で勝栗、するめ、冷酒で祝杯があげられた。

山本長官は淵田中佐に、攻撃開始時刻のことで質問した。中佐が全員突撃の下令が予定より五分早くなった事情を説明すると、

「まあ、五分くらいなら仕方がないだろう」

といわれた長官の顔色は、さえざえとしたものでなかった。

アメリカ側は、真珠湾での完敗は〝だまし討ち〟によるものだとして、政治的には国内外の世論を巧みにリードする一方、戦略的には、海上の主兵が航空にあることを見抜いて、アメリカ海軍を航空母艦中心の足の早い近代海軍につくりかえようとしていた。

緒戦の勝負に心をとどめないで、逸早《いちはや》く目を政・戦略面に転じていたのは、アメリカの方であった。

日本はそのころ、ハワイ・マレー沖海戦の大戦果に、国中が戦勝気分にわき立っていた。

風鳴り止まず

「天佑ヲ保有シ萬世一系ノ皇祚《こうそ》ヲ践《ふ》メル大日本帝国天皇ハ昭《あきらか》ニ忠誠勇武ナル汝有衆ニ示ス」

とされて、米国および英国に対して戦が宣せられた。宣戦布告の大詔である。

情報局は八日午前十一時四十五分、その旨を発表した。

その時、日本人の多くがどのような気持ちでこの「宣戦の大詔」を受けとめたか。当時の毎日新聞が十二月九日付に掲載した「東亜解放戦開始」と題する社説の前段部分から、その一斑《いっぱん》をうかがい知ることができる。かな使いを現代風に直して、紹介してみよう。

——一億総進軍の日は来た。待ちに待った日は来た。米英両国に対する宣戦の詔書を謹読するもの、誰か血沸き肉躍るの感を抱かないものがあろうか。

――既に事は決した。われら全国民は、東條首相の謹話にある通り「必勝の信念」をもって、最後の勝利を得るまで戦い抜こう。路《みち》はいかに険難であろうとも、また戦いはいかに長引こうとも、宣戦詔書の一字一句ことごとく魂をこめて拝読せねばならぬ。否、一句一行の間を埋むる聖旨を、国史によって鍛われた日本精神をもって、拝読せねばならぬ。

――万邦の平和と共存を念とし給う大御心《おおみこころ》は炳乎《へいこ》として、天日のごとく明白である。しかしながら、東亜の禍乱を長引かせ、東亜を奴隷化し、東洋制覇の飽くなき非望を遂げんとする彼米英の汚濁せる鏡面には映じない。

――政府が危局を既倒に挽回せんとした幾多の努力は、事毎に無謀にも蹂躙《じゅうりん》せられた。七重の膝《ひざ》を八重に折り、われらをして歯痒《はがゆ》い思いをさせてまで、平和を太平洋に維持せんとした努力は、顧みられることなくして、泥土に委せられた。性格的に短気であるといわれているわが国民は、よくここまで辛抱したものだと思う。

――「隠忍《いんにん》久シキニ渉《わた》リタルモ」と仰せられた大御心を奉察して、わが国民の心臓は煮えたぎる思いがするのではないか。

――事ここに至るまでの情勢の詳細な経過については、帝国政府から米国および英国両政府に与えた通牒によって明瞭であり、さらに日米交渉の経過については、わが外務省の公表がある。

――彼米英の当局が、いかに尊大ぶった態度をもって、終始われに臨んだか。実情に目を閉じ、架空的原則論を楯に、いかに交渉を遷延せんとしたか、しかもその間において、与国を誘惑して、帝国の身辺をいかに脅かしたか。経済封鎖を企てて、わが生存の糧道をいかに遮断せんとしたか。

――思うに、貪欲非道にして金権猶太《ユダヤ》思想の囚徒たる彼らの行為は、天と共に許さざるところ、黙せる石といえども、この非を叫ばずには、置かないであろう。

昭和十七年（一九四二）は、連戦連勝、歓呼のうちに明けた。

歌人佐佐木信綱は、

「黎明《れいめい》の光ほがらむひむがしの亜細亜《アジア》の空に新春来る」

と詠み、詩人野口雨情も、

やがて夜明けは　近づきぬ
御稜威のほども　尊けり
第一戦は　アメリカの

聞くも勇まし　ハワイ島
続くイギリス　主力艦
物の見事に　打ち沈め
東亜の空に　敵はなく
進みて勝てぬ　ことはなし
ここにかちどき　轟きて
亜細亜の春も　近づきぬ

とうたっている。

旧臘《きゅうろう》八日午前六時、大本営陸海軍部はラジオ放送を通じて、次の事実を全国民に告げた。

「帝国陸海軍は今八日未明、西太平洋において米英軍と戦闘状態に入れり」

この陸海軍共同発表の段階では、まだ真珠湾に対する奇襲攻撃については、いっさい触れられていない。

国民がその事実を知ったのは、午前十一時四十五分に、いわゆる「宣戦の大詔」が渙発《かんぱつ》されたあとである。

八日午後一時、大本営海軍部は、

「帝国海軍は本八日未明、ハワイ方面の米国艦隊並に航空兵力に対し、決死的大空襲を敢行せり」

をトップに、海軍の動きを初めて公表した。

これを伝えたラジオ放送は、最後にこうつけ加えた。

「なお、連合艦隊司令長官は山本五十六大将であります」

帝国海軍、ついに立つ！　その大いなる感動と興奮は、その夜八時四十五分に大本営海軍部が軍艦マーチとともに、

「戦艦二隻轟沈、戦艦四隻大破、大型巡洋艦約四隻大破、以上確実」

と真珠湾での戦果を発表するに及んで、頂点に達した。

しかし、この戦果は、連合艦隊の幕僚が総合的に判定して山本司令長官に出したものに比べると、かなり低目に抑えられていた。

それは山本長官の意向によるもので、実際はこの時すでに、アメリカの戦艦は四隻は沈み、三隻は大破、一隻が中破程度の被害を受けて、真珠湾在泊の太平洋艦隊の主力は、全滅していたのである。

大本営海軍部が、ハワイ海戦の戦果について追加発表したのは十日後の十二月十八日のことで、イギリス極東艦隊の主力戦艦二隻を基地航空部隊の陸上攻撃機によって轟・撃沈したあとである。

ちょうどそのころ、連合艦隊の泊地「柱島」水域に、ゆったりと姿を見せた超大艦があった。

山本長官が、五年前にその建造に反対した新鋭戦艦「大和」の完成した姿である。

艦齢二十三年の長門に代わって二月十二日、大和は連合艦隊の旗艦となり、将旗が翻《ひるがえ》る。シンガポール陥落の三日前のことである。

政府は一月二日、年頭の初閣議で「大詔奉戴日《ほうたいび》」の設定を決め、同時に次のような「内閣告諭」を発した。

内閣告諭（原文のまま）

昭和十六年十二月八日、畏《かしこ》くも　大詔を渙発あらせられ、米国および英国に対し戦を宣し、皇国の大道と、国民の嚮《むか》ふべき所を照示し給ふ。洵《まこと》に恐懼《きようく》感激に堪へず。

皇国の隆替《りゆうたい》東亜の興廃は正にこの戦に懸れり。

今や全国の民草は感激措《お》く所を知らず、醜《しこ》の御楯《みたて》と奮《ふる》ひ起ち、克《よ》く竭《つく》し、克く耐へ、雄渾深遠なる皇謨《こうぼ》の翼賛に、万遺憾なからむことを誓はざるなし。

実にこの日こそ、皇国に生を享《う》くるものの、斉《ひと》しく永遠に忘る能《あた》はざるの日なり、新秩序建設の大使命の負荷せられたる記念すべき日なり。

仍《よ》って茲《ここ》に、昭和十七年一月以降、大東亜戦争の完遂に至るまで、毎月八日を以て大詔奉戴日と定む。

即ち全国民は、この日を以て常時実践の源泉と仰ぎ、純一無雑、只管《ひたすら》大御心を奉戴して、各々その本分に精励奉公して、益々国家総力を拡充発揮して、大東亜戦争究極の目的完遂に挺身し、以て聖旨に応《こた》え奉らむことを期すべし。

なほ、之《これ》に伴い、興亜奉公日は之を廃止し、その趣旨とせるところは、大詔奉戴日に発展帰一せしむることとしたり。


この「内閣告諭」によって、大詔奉戴日は毎月八日、大政翼賛会が中心となって実施されることになったわけだが、その実施項目は次のようになっていた。

一、詔書奉読

官公衙《が》、学校、会社、工場等においては、詔書奉読式を行なう。時刻は適宜定める。

二、必勝祈願

神社、寺院、教会等においては、必勝祈願の行事を行なう。ただし、一般の氏子信徒に対しては、その職場において祈願せしむるものとし、ことさらに儀式に参列を強制せざること。

三、国旗掲揚

各戸においては国旗を掲揚すること。

四、職域奉公

各自職域にあって奉公に励み、ことさらに当日を休業とするがごときことは採《と》らざること。

五、その他の国民運動

その他の国民運動の項目は、大政翼賛会において本方針（注参照）に基づき、随時決定すること。

なお、当日が日曜日で業を休むところでは、「ことさらに出勤、出校せしむるに及ばず、家庭人としてまた市町村民として、当日を意義あらしむるよう措置すること」

となっていた。

（注）実施要項の方針＝大東亜戦争完遂のため、必勝の国民士気昂揚《こうよう》に重点を置き、健全明朗なる積極面を十分に発揮すること。

大詔奉戴日の設定について、当時の朝日新聞は、十七年一月四日付の社説で、

「この大詔奉戴の感激こそは、大東亜戦争を戦い抜き、大東亜新秩序建設を完遂する、国民熱意の根源である。誠に一億国民の感激と決意とを記念し、奉公の赤誠を誓い奉る戦時下国民精神振起の行事として、きわめて時宜に適したものとして、衷心賛同の喜びを表するものである」

と述べ、さらにそれに並列して「旺盛なる皇軍の士気」と題する次のような社説を掲げている。

「――元日劈頭、たとえようもなき喜びは、香港に、比島に、馬来《マレー》に、ボルネオに、なおまたハワイの周辺に、息もつかせぬ感激の連勝絵巻が次々と繰り展《ひろ》げられていることである。

――ことに元旦の各紙を飾った、去月八日のハワイ大奇襲当日の敵主力艦および陸海軍飛行場の撃滅の瞬間を実写したる写真（注＝いずれも海軍省提供によるもの）は、

銃後国民をして無比の光景に、身魂ともに打ち震える感激を覚えしめたのである。

——この空前の大作戦が決行された実情について、二日朝刊紙上に語られた先陣編隊指揮官の談話（われ奇襲に成功せり＝○○中佐の実戦談）は何という素晴らしい戦争物語であろう。しかもその談話には、一つの形容詞もなく、半点の誇張もなく、淡々として水のごとく述べられているのである。

——航空母艦を飛び立って、一去不帰の征途に上ったとき、折悪《あ》しく海波は濁湧し、強風は十七メートルに及んだとあるが、死を視る帰するがごときわが勇猛〃海の荒鷲〃にとっては、物の数ならず、幸先よくハワイ敵基地の発見に成功したるも、わが荒鷲にはそれぞれ任務の分担があり、かつ港内狭隘《きょうあい》にして、連翼のまま爆撃するに便ならず、次々に順番を待って、敵に止《とどめ》を刺すまで、悠々として思う存分爆撃、雷撃の効果を発揮し、徹底したのである。

——ハワイ奇襲作戦といい、マレー沖の英アジア主力艦隊の撃沈といい、正に鬼神も三舎《さんしゃ》を避くる壮盛なる士気の賜《たまもの》である。

——大君の御楯とばかり言挙《ことあ》げせず、千万の軍なりとも取りてぬ来べき山本連合艦隊司令長官の下、将士惨として驕《おご》らず、大御稜威《おおみいつ》をして世界史上に光彩陸離たらしめるに至りしこと、決して偶然にあらずと、今さら深く感銘せられるのである。

——皇軍将兵の士気は、ハワイや馬来の場合のみでなく、大東亜戦以来、皇軍の行くところ、至るところでいやが上にも昂《たか》まり、炎風苦熱を衝いて、神速果敢に進められている。

——戦場には、皇軍にあらざれば、絶対に見出し得ない、数々の旺盛きわまりなき忠誠を物語る武勇が綴《つづ》られているのである。

さらに朝日新聞の社説は次のように筆を進めている。

——数の猛爆を物ともせず、海中に飛び入り、鉄条網、地雷、トーチカの三段構えの敵陣を突破して、コタバル上陸に成功するや、直ちに南下攻撃に移ったごとき、敵をして退却するいとまさえ与えなかった。

——マレー半島を進撃中の皇軍は、英軍が唯一の恃《たの》みとした機械化部隊を全滅させ、ドイツ機動部隊の作った一日の記録行程といわれる四十五キロに劣らぬ進撃ぶりを示しているのである。

——英領ボルネオの要衝は、ことごとく皇軍の手に落ち、比島のダバオはわが占領下に帰し、首都マニラの運命も、大勢はすでに決定的となりつつあり、皇軍士気の振《ふる》うところ、マニラの陥落はもはや問題でなく、シンガポールの運命も、案外早く解決を見るであろう。

——皇軍無敵の強味は、科学的武器とこれを駆使する人と、まさにその人が魂をもって鍛練され、これを貫くに旺盛なる士気をもってせることである。吾人は、皇軍の連勝に感謝すると共に、そのよって来たるところを省察し、国民各自の活きた教訓たらしめねばならぬ。

(注) 一月三日午前九時「帝国陸軍部隊は昨二日午後以来、続々マニラ市内に進入しつつあり」と発表した大本営陸軍部は、同日午後四時四十五分、次のように発表している。

「帝国陸軍比島攻略部隊は、二日午後、首都マニラを完全に占領し、さらにコレヒドール島要塞およびバタアン半島の要害に拠《よ》る敵に対し、攻撃を続行中なり」

なお、十二月八日開戦以来、三十一日までの間に判明した大東亜戦第一年目の海軍関係の総合戦果は、次のようになっている。

▽艦艇＝①撃(轟)沈した戦艦七、巡洋艦二、駆逐艦二、潜水艦十六(他に未確認のもの多数)、砲艦二、魚雷艇六、哨戒艇一、掃海艇一②大破した戦艦三、巡洋艦

二、駆逐艦五、砲艦二、哨戒艇二、特務艦一③中破した戦艦一、巡洋艦四④拿捕《だほ》した砲艦一

▽船舶舟艇＝①拿捕した武装商船一、大型船舶五、各種船舶五十以上、各種舟艇四百七以上②撃沈した大型船舶十三③大破した武装商船四、大型船舶三十九以上

▽飛行機（艇）＝①撃墜百四十九以上（うち大型二十二、飛行艇九）②撃破七百二十四以上（うち大型七十八、飛行艇二十）③計八百七十三機以上

同期間中のわが方の損害＝軽巡洋艦一隻小破、駆逐艦四隻沈没、掃海艇二隻沈没、一隻大破、潜水艦一隻沈没、特殊潜航艇未帰還五隻、輸送船二隻沈没、飛行機の損失四十六機（未帰還を含む）

ハワイ作戦からほとんど無傷のまま引き揚げてきた機動部隊主力は、一息つく間もなくウェーキ島攻略、一月末のラバウル攻略作戦に協力したあと、トラック泊地に待機して次の作戦に備えていた。

戦局は全般的に、きわめて順調に推移していた。比島の首都マニラは一月四日に陥落、十一日には日本海軍最初の落下傘部隊（堀内豊秋中佐指揮）がセレベス島のメナ

ドに降下して同地を占領、シンガポールの陥落も間近いころであった。

第一航空艦隊を基幹とする機動部隊は、次の作戦計画を打ち合わせするため、草鹿参謀長と私（航空甲参謀）が大本営に出向いた。

われわれとしては、真珠湾で討ちもらした米軍機動部隊の反攻に備えて、ひとまず内南洋方面にとどまる。しかし、米軍に出撃してくるような気配がなければ、このさいソロモン群島からニューカレドニア方面に残存する敵の航空兵力と海上兵力を掃滅するハラでいた。

大本営海軍部（軍令部）に出頭した私達がその腹案を開陳する前に、作戦課の部員は、

「ちょうど、いいところへきてくれた。実はこちらから呼びたいと思っていたところだった」

と前置きして、私達の予想もしていなかった作戦構想を説明し、機動部隊としての意見を求められた。

その作戦構想というのは、

――真珠湾攻撃がアメリカ艦隊に与えた損害は、期待を遥かに上回るものであり、

ここ当分の間、敵艦隊の主力が西太平洋に進攻してくる算は、極めて少ない。よって、この時期を利用し、機動部隊を印度洋方面に転用して、遠くセイロン島付近まで進出し、同方面に残存するイギリスおよびオランダの海上、航空の両勢力を根こそぎたたき潰してしまいたい。

というのである。

草鹿参謀長と私は、顔を見合わせてうなずきあった。

私達は、連合艦隊の司令部さえ異存がないならば、機動部隊としては喜んでこの新しい任務につくべき旨を回答した。

そして、さっそく印度洋、蘭印（現在のインドネシア）方面の情報収集にとりかかるとともに、急いで機動部隊司令部に取って返した。

そのころ機動部隊主力は、西カロリン群島のパラオ泊地に入港していた。

そこで南方部隊の最高指揮官である第二艦隊司令長官近藤信竹中将の坐乗する旗艦「愛宕《あたご》」において、同司令部と詳細な作戦上の打ち合わせを始めた。

その結果、まず手始めとして濠州北西部の要衝、ポートダーウィンを血祭りにあげることになった。

北太平洋を東進して真珠湾をたたいた機動部隊が、南へ翻擲《ほんてき》して出撃する時が来た。今度は「北濠《ほくごう》」である。

開戦以来、海軍航空部隊の活躍は目覚しいものがあった。敵水上艦艇の索敵、攻撃、撃沈という点においても、在来の水上艦艇のそれを大きく引き離していた。

ことに緒戦段階でのハワイ・マレー沖海戦の戦果は、数年来の論争の的であった「戦艦か航空機か」の兵術論にとどめを刺すものであった。

この時において、母艦航空部隊の主力であり、真珠湾攻撃の花形である機動部隊が、一転して太平洋南西方面の作戦部隊に参加する。

これは同方面で作戦する全部隊に、極めて力強い協力者が現われたことを意味するものであった。それだけに機動部隊に対する期待度も大きく、ヘタな真似はできない。

当時（二月中旬）の南西方面の一般状況は次のようなものであった。

①わが方は、蘭印中部以北の制空・制海権を獲得し、特に一月二十四日のケンダリ飛行場攻略以来、蘭印南部に対する航空戦を展開し得るような状況になっていた。

②マレー方面は二月半ばにシンガポールが陥落し、陸軍航空兵力はスマトラ方面に

展開準備を整え、併せてジャワ攻略の態勢を進めつつあった。
③米英蘭の海上および航空兵力は、逐次ジャワ島方面に圧迫せられ、窮地に陥りつつあったが、ポートダーウィンは背後作戦基地として、ジャワ島方面に対する兵力の補給ならびに撤退兵力の収容等の役目を果たしつつあった。
④比島方面には、なお残敵がいたが、大勢にはほとんど影響するところがなかった。
⑤敵はジャワ方面に相当数の潜水艦を集中したが、わが方に大なる脅威を与え得るものではなかった。
南方部隊指揮官の近藤中将（第二艦隊司令長官）から機動部隊に対して作戦目的が与えられた。

——ポートダーウィン所在敵航空兵力を撃滅するとともに、ジャワ島に対する敵の増援を阻止し、ジャワ島攻略作戦を容易ならしむ。

という意味のものであった。

機動部隊は、シンガポールが陥落した日と同じ二月十五日、舳艫《じくろ》相ふくんで、パラオ泊地を出撃した。

空襲部隊として第一航空戦隊の赤城、加賀、第二航空戦隊の蒼龍、飛龍の空母四隻、支援部隊は第八戦隊司令官阿部少将の指揮する甲巡利根、筑摩、摩耶《まや》、高雄の四隻、警戒隊は第一水雷戦隊司令官大森少将の指揮する旗艦「阿武隈」以下、駆逐艦八隻である。

それに補給部隊として輸送船六隻を加えた一部隊は、駆逐艦若干をもって、港外に伏在するかも知れない敵潜水艦に対する制圧態勢をとりながら粛々と出港した。

印度洋作戦の第一陣、北濠州の要衝ポートダーウィン空襲の行動を起こしたのである。

解説

二宮隆雄

太平洋戦争の引き金となった日本海軍による「真珠湾攻撃」は、日本とアメリカにとって複雑きわまる面をもっていた。

巷間《こうかん》ささやかれるルーズヴェルト大統領の陰謀説――アメリカ軍を対独戦にもちこむために、ドイツと同盟を結ぶ日本軍に先制攻撃を仕掛けさせたという憶測も理解できるが、つまり真珠湾攻撃は、日本の軍国主義が当然行きつく帰結であったと思う。

日本は陸軍の暴走といえる中国大陸への侵略により、国際的にアメリカ、イギリス、ロシアなどと緊張が高まっていた。

しかも陸軍が強引にドイツとイタリアと三国同盟を締結したことにより、後には退けない情勢になっていた。

陸軍の暴走を憂慮して、富める大国アメリカと、絶対に戦争に突入することを避けるべしと主張したのが、真珠湾攻撃を考えた連合艦隊司令長官の山本五十六であった。海軍武官としてアメリカに長く滞在した山本は、南部の油田地帯と、シカゴの自動車産業を視察して、その膨大な資源と、自動車を量産する工業力の桁《けた》違いな差をまのあたりにした。

石油の総産出量は、日本の約六百九十倍である。自動車の生産台数においては、約三千七百倍という驚くべきものであった。

「どんなことがあっても、日本はアメリカと戦ってはならない」

こう結論した山本は、悪化する日米関係を憂慮しつつ、昭和十六年（一九四一）春からの日米和平交渉に望みをつないだ。

だが日本連合艦隊の最高指揮官である山本は、〈もし日米が戦えば——〉という非常事態も考えねばならなかった。

もし日米両海軍の艦隊が太平洋上で激突すれば、消耗戦となる。その結果はアメリカ海軍の約六割の艦艇しか持たず、戦艦の数も十隻(アメリカは十七隻)しかない日本海軍は敗退する。

この当時は日本海軍だけでなく、アメリカ海軍も『大艦巨砲主義』が海戦の主流であった。つまり海戦は、巨砲を装備した戦艦の多いほうが勝つという考え方が正しいとされた。そういう情勢下で考え出されたのが、山本の航空兵力によるアメリカ艦隊の攻撃であった。

航空機は補助的な兵器にすぎない。各国海軍の首脳部が大艦巨砲を信奉していた当時、これは海軍の常識を覆す作戦であった。

だが山本は『航空兵力』の優先をはやくから口にしていた。主要艦艇数がアメリカ海軍に劣る日本海軍の劣勢を補うためには、航空兵力の充実しかない。こう考える山本の頭に、緒戦でハワイの真珠湾攻撃が浮かんだ。

だがこの作戦には、二つの大きな問題が存在した。

一つは、大艦巨砲主義を信奉する海軍内部の反対である。日本には日本海海戦でロシアのバルチック艦隊を撃滅した連合艦隊がある。これを無視した航空兵力優先の作戦は、絶対に認めないという空気が、連合艦隊司令部内に強かった。

もう一つは、航空兵力の攻撃力そのものへの疑念だった。この当時は艦上攻撃機の水平爆撃の精度がきわめて低かった。攻撃力の不確かな航空兵力で、アメリカの太平洋艦隊を攻撃することは大きな賭けであり、失敗する可能性が高いと山本の側近も反対した。

だがアメリカの国力をよく知る山本は、もしアメリカと戦うことになれば、緒戦でアメリカ軍の太平洋艦隊を撃滅して、早期に講和にもちこむしかないという信念をもっていた。

山本は海軍内部の反対勢力に対して、

「ハワイ攻撃は僕の信念だ」

と主張して、ハワイ作戦が聞き入れられないときは長官を辞すると言った。

この極秘作戦を決定した山本が、航空機攻撃の技術的問題を解決するために選んだのが、第一航空艦隊の参謀の源田実であった。

海軍兵学校五十二期卒の源田は、自身も優秀なパイロットとして知られ、当時としては危険といわれた「背面錐《きり》もみ」を上回る「背面宙返り」を案出し、各地の飛行場での荒技を披露して、『源田サーカス』と喝采を浴びた。

山本よりさらに過激で「戦艦無用論」を口にした源田は、勇躍して真珠湾攻撃の立案にとりかかった。

主目標は戦艦、副目標が空母と決まった。大隅半島の有明湾で密かに猛訓練が開始された。十月には真珠湾によく似た鹿児島湾で、安全基準を無視した仕上げの攻撃訓練が行なわれ、真珠湾の奇襲攻撃は成功した。

太平洋戦争は始めてはならない戦争であった。だが開戦するからには、真珠湾攻撃はやむをえない作戦であると考えた山本の戦略はみごとに的中した。

しかし真珠湾攻撃の直後に、山本が読み切れなかった問題が浮上した。

それが五月にアメリカで封切られたハリウッド映画「パール・ハーバー」で描かれているアメリカ国民の心の問題であった。

「パール・ハーバー」は、真珠湾攻撃の戦闘シーンにコンピューター・グラフィックスが駆使されて、観客を圧倒する迫力にみちたラブロマンスである。

主人公の若きパイロットのレイフとダニーは、幼い頃から兄弟同然に育ち、固い友情の絆《きずな》で結ばれていた。そして二人は美しい看護婦イヴリンと出会い、レイフはイヴリンと激しい恋におちる。

ドイツ軍とイタリア軍によりヨーロッパで第二次世界大戦が勃発した。世界中に戦火が拡大していく中で、アメリカ政府はヨーロッパの戦争に不介入の立場を貫こうとした。正義感に燃える青年レイフは、じっと静観していられなくなり、中立国の志願兵で組織されるイーグル航空隊に入隊し、生死をかけてイギリスへと旅立った。

恋人と別れて傷心のイヴリンは、ダニーとハワイ島パール・ハーバーに転属になる。南の常夏の島であるハワイ島は、戦争などとは無縁の平和な楽園であった。ダニーはレイフの帰りを待ちこがれるイヴリンを励まし、心の支えとなるが、ついに運命の日、一九四一年十二月七日（日曜日）がやってきた。

日本艦載機の爆撃によりパール・ハーバーは一瞬にして猛火に包まれた。戦闘機が低空で機銃掃射をして、爆撃機が戦艦に爆弾を投下する。

日本軍の奇襲攻撃に逃げまどう島民たち。そして必死に反撃するアメリカ軍兵士。恐怖にひきつった島民の顔にも、鉄兜《てつかぶと》の下から日本軍機を見上げて反撃する兵士の顔にも、不意打ちに対する怒りが張りついている。

　だが日本軍の攻撃はすさまじく、つぎつぎと軍艦が猛火に包まれていく。生き残ったダニーは、やがてレイフと共に東京空襲に出撃する。

　ダニーとレイフそしてイヴリンは、その当時のアメリカのごく一般的な若者像、つまり真珠湾攻撃で戦没した名もなき兵士や島民たちを、この三人にオーバーラップさせて、代表的なアメリカ人青年像として描いている。

　戦略的には、戦争目的を成功させた山本であったが、アメリカ側から見れば〈宣戦布告前の卑怯な奇襲攻撃〉により、結局、彼はアメリカ国民の愛国心に火を付け、青年たちの団結力を強めてしまったのである。

　では何故、いまアメリカで真珠湾ブームが巻き起こっているのか？　そして映画「パール・ハーバー」に熱い視線が注がれているのか？

　その理由の一つとして、アメリカでは第二次世界大戦を経験した世代が、生きているうちに歴史の記憶を、次世代に伝えたい思いが強いからだという。

　アメリカには戦争が残した後遺症として、第二次世界大戦を戦った人々と、その子供の世代が戦ったベトナム戦争経験者との間に、強い確執が存在する。この二つの世代の対立は根が深く、その傷痕も大きい。

だが映画「パール・ハーバー」を観ることによって、第二次世界大戦を戦った世代の純粋な愛国心を理解してもらい、対立する両世代の和解をすすめるのが、この映画の狙いの一つであり、それは確かな実りになっているという。

国防総省は映画の試写会に、空母の使用を許可して、「パール・ハーバー」を一人でも多くの人に観てもらえるように協力を惜しまなかった。

国防総省の報道官は、日本では考えられない映画への空母協力を、こうコメントしている。

「この映画は史実を正確に描き、軍人の英雄的行為を称えているからだ」

では日本では、真珠湾攻撃をふくむ太平洋戦争、ひいては日本の近代史を、どのようにとらえているのだろうか？

残念ながら日本人は、近代史の中で特筆すべき大事件である太平洋戦争を、直視しない傾向がいまも強い。

真珠湾攻撃だけでなく、南京事件や慰安婦問題などが、アメリカ国内で盛んに取り上げられ、単に日本人だという理由で批判され、謝罪を要求されることもあるという。

真珠湾攻撃六十周年を迎えた今年、せめて一人でも多くの日本人が、源田実氏の著作『パールハーバー』に目を通し、映画「パール・ハーバー」を観ることによって、日本人が決して目をそむけてはならない近代史と対峙《たいじ》し、国際的かつ客観的な立場から、真珠湾攻撃をとらえてもらいたいと願うばかりである。

——作家

この作品は一九八二年十一月サンケイ出版から刊行された
『風鳴り止まず』を、再編集して改題したものです。

パールハーバー

源《げん》田《だ》実《みのる》

平成13年7月25日　初版発行

発行者――見城徹
発行所――株式会社幻冬舎
〒151-0051東京都渋谷区千駄ヶ谷4-9-7
電話　03(5411)6222(営業)
　　　03(5411)6211(編集)
振替00120-8-767643

印刷・製本―株式会社　光邦
装丁者――高橋雅之

幻冬舎文庫

ISBN4-344-40131-X　C0193　　H-10-1